カラー図解でわかる光と色のしくみ
福江 純　粟野諭美　田島由起子　SBクリエイティブ株式会社　2008

著 者 简 介

福江 纯

1956 年出生。大阪教育大学教授。在从事吸积盘、航天飞机等相关研究的同时，对天文学教育、科学设计等也非常关心。主要著作:《关于宇宙我们知道多少？》（编著）、《光与色的宇宙》（京都大学学术出版会）、《闪耀的黑洞航天飞机》（昴星团出版）、《物理学入门》（日本实业出版社）等。

粟野谕美

1972 年出生。冈山天文博物馆馆长。因制作天体光谱的电子目录而走上天文学教育的道路。主要著作:《关于宇宙我们知道多少？》（编著）、《宇宙光谱博物馆》（共著，裳华房）、《星空旅行指南》（共著，东京书籍）。

田岛由起子

1971 年出生。曾担任 Chihaya Nature and Astronomy Museum 的馆员，现任职于自然教育事务所。致力于从天文到自然、环境领域内的自然体验教育。主要著作：《宇宙光谱博物馆》、《漫画手作宇宙》（均为共著，裳华房）。

Kunimedia 株式会社

内文设计、艺术指导。

七色光之谜：
图解光与色

〔日〕福江纯　粟野谕美　田岛由起子/著

李　隽/译

科学出版社

北　京

图字：01-2013-1073号

内 容 简 介

为什么天空是蓝色的、彩虹是七色的？为什么花朵是五颜六色的、有的生物会熠熠发光？我们的世界因为光和色彩而鲜活、绚丽，每天沐浴着光和色彩的我们，很少会去考虑它们的本质。这本书从什么是光、什么是色彩的基础知识入手，将各种各样的物理现象、星体与地球、自然界生物的各种色彩，用丰富的照片和彩图一一呈现出来，如此绚丽多彩的知识绝对不容错过！

本书适合热爱科学、热爱生活的大众读者阅读。

图书在版编目（CIP）数据

七色光之谜：图解光与色/（日）福江纯等著；李隽译. —北京：科学出版社，2014.6（2020.1重印）

（"形形色色的科学"趣味科普丛书）

ISBN 978-7-03-039860-4

Ⅰ.七… Ⅱ.①福… ②李… Ⅲ.①光学-普及读物 Ⅳ.①O43-49

中国版本图书馆CIP数据核字(2014)第035371号

责任编辑：石 磊 杨 凯 / 责任制作：胥娟娟 魏 谨
责任印制：张 伟 / 封面制作：铭轩堂
北京东方科龙图文有限公司 制作
http://www.okbook.com.cn

科学出版社 出版
北京东黄城根北街16号
邮政编码：100717
http://www.sciencep.com
北京虎彩文化传播有限公司 印刷
科学出版社发行 各地新华书店经销
*
2014年6月第 一 版 开本：A5（890×1240）
2020年1月第二次印刷 印张：8
字数：220 000

定 价：45.00元

（如有印装质量问题，我社负责调换）

丛 书 序

感悟科学，畅享生活

如果你一直在关注着“形形色色的科学”趣味科普丛书，那么想必你对《学数学，就这么简单！》、《1、2、3！三步搞定物理力学》、《看得见的相对论》等理科系列图书和透镜、金属、薄膜、流体力学、电子电路、算法等工科系列的图书一定不陌生！

“形形色色的科学”趣味科普丛书自上市以来，因其生动的形式、丰富的色彩、科学有趣的内容受到了许许多多读者的关注和喜爱。现在“形形色色的科学”大家庭除了“理科”和“工科”的18名成员以外，又将加入许多新成员，它们都来自于一个新奇有趣的地方——“生活科学馆”。

“生活科学馆”中的新成员，像其他成员一样色彩丰富、形象生动，更重要的是，它们都来自于我们的日常生活，有些更是我们生活中不可缺少的一部分。从无处不在的螺丝钉、塑料、纤维，到茶余饭后谈起的瘦身、记忆力，再到给我们带来困扰的疼痛和癌症……“形形色色的科学”趣味科普丛书把我们身边关于生活的一些科学知识，活灵活现、生动有趣地展示给你，让你在畅快阅读中收获这些鲜活的科学知识！

科学让生活丰富多彩，生活让科学无处不在。让我们一起走进这座美妙的“生活科学馆”，感悟科学、畅享生活吧！

前　言

每天早上太阳从东方升起。晴天时以蓝天为背景，阳光普照大地，即使阴天时阳光也会透过灰色的云层到达地面。在阳光照耀下，地面上的世界被树木的绿色和美丽的花朵覆盖，呈现各种颜色的动物在讴歌着自己的生命。不久，与美丽的晚霞一起，太阳从西边落下，夜晚来临。但是，即使是黑暗降临，只要夜空晴朗，就会有无数璀璨的星星装点夜空，偶尔会有彗星出现，或是月亮显露出淡淡的白色。

自然界中，从天空到地面，充满了各种各样的光和颜色，令人赞叹。

但是，如果我们思考一下“为什么太阳会发出那样的光？”“火星为什么是红色行星？”“为什么天空是蓝色的？”“为什么晚霞是红色的？”“为什么云彩和雪是白色的？”“为什么水是透明的而海是蓝色的？”以及“为什么花朵和动物会呈现那么漂亮的颜色？”“为什么草木是绿色而血液是红色的？”“为什么萤火虫会发光？”这些问题，就会发现这些都归根于“光到底是什么？”和“颜色到底是什么？”。

为了解答自然界中的光和颜色的这些种种疑问，或是为了介绍平时不易看到的光和颜色的现象，甚至是都没有听说过的光和颜色的世界，笔者倾其智慧撰写了本书。特别需要说明的是，笔者的主要目的是介绍我们居住的自然界中充斥着的光和颜色的原理，因此笔者会将关于人造光和颜色的说明降低到最低限度。

在第1章中，介绍光和颜色的基础。笔者对光的谱图和性质、光和颜色的三原色的区别、颜色的名称和表现方式，以及人们认识光与颜色的方法依次进行了整理。对于基础的部分，读者在开始的时候可以略过，而觉得必要时再返回来阅读。

在第2章中，让我们来观察天空的光和颜色的世界。笔者会从星星和天体发光的原理开始，介绍太阳和地球、月球以及各种行星和太阳系天体。然后我们到星界，对星体的颜色和温度的关系以及各种颜色的星云的最新图像进行介绍，也对远方的银河和宇宙进行说明。这里存在着我们在日常中无法想像的光和颜色的世界。

在第3章中，希望读者能感受到周围的地上世界中充斥的光和颜色的不可思议。在本章中，笔者将介绍天空蔚蓝而晚霞绯红的原因，云和雪以及彩虹、极光、雷、海市蜃楼等在空中出现的现象。并且，让我们来观察以火、大地和水为代表的地上的光与颜色的现象。平时我们看习惯的地上世界，也会让我们感到惊奇。

最后在第4章中，让我们来了解生物的光与色彩。

从估计是没有光和颜色存在的生命诞生之谜出发，经过微生物和蘑菇，来观察各种植物的丰富的色彩。然后笔者会介绍动物们的动态的光与颜色，最后介绍一下人类自身的颜色。

本书中所刊载的众多照片，除了笔者收集的以外，还有多位人士赞助的，或是从网络上收集的。在此对于提供照片的人士表示感谢。

日本是个四季分明、花鸟风月等自然现象丰富的国家，自古以来日本人对自然现象的感受性较强，日语中有很多用于表达光和颜色的词汇。本书中也触及到了以光和颜色为关键词的日本的传统文化，也希望中国的读者能够感受一下这些文化。

福江纯、粟野谕美、田岛由起子

七色光之谜：图解光与色

为什么天是蓝色，彩虹是七彩的？为什么花是有颜色的，生物会发光？

目 录 CONTENTS

第 1 章

光与色是什么

我们周围的世界中充满了光和色。在本书开头的第1章，将对光和色的基本原理进行讲解。希望读者能从中了解光的物理现象、颜色的呈现原理，以及对光与色进行分析的技术等。

1. 光明与黑暗的世界

在我们周围的世界中充满了光与色。平时我们很少去注意它们的实质，但“光”与“色”到底是什么呢？关于光与色，越思考和研究就越会觉得有深奥而不可思议的世界在延伸。在第1章中，让我们尽量按顺序整理一下光与颜色的性质。

有光明之神阿胡拉玛兹达，就有黑暗之神阿里曼；有光明天使路西法，就有黑暗恶魔萨旦。在有光明的地方就会有黑暗，并且有照亮黑暗的一线光明。自古以来，光明与黑暗就与人类世界并存着。

更加准确地说，从137亿年前宇宙大爆炸开启宇宙以来，光（电磁波）就充斥于宇宙中，星体和银河，以及黑洞周边的高温等离子体等各种各样的天体在放射眼睛可见的光（可见光）和眼睛看不见的光（电波、红外线、紫外线、X射线，γ射线等）。因此，光（电磁波）是时刻存在的，无论我们能否感受到这种光。人无法看到电波、红外线及X射线等的“光”，因

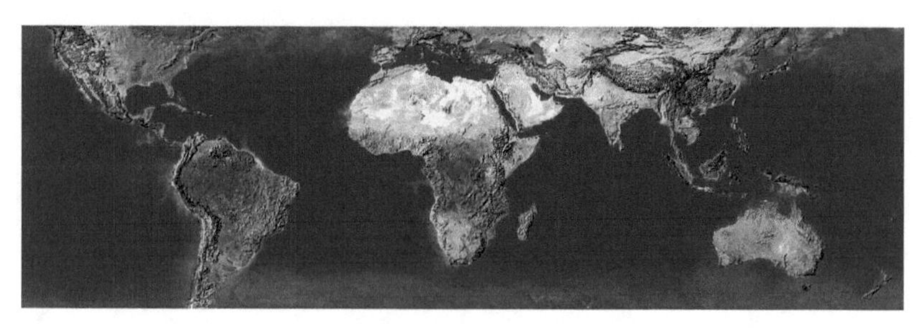

图1–1　白昼时的整个地球（照片提供：NASA）

此即使手机的电波布满周围，电视遥控器发出红外线，在体检时拍X射线图像，只要不存在可见光，那里就是黑暗的世界。

从前，在文明发展之前的世界中，白天是光明的世界，而夜晚被黑暗所支配。在现在的城市中，夜晚的黑暗被各种颜色的光线占满，变成了灯火辉煌的光的世界。也许我们有时还应想起黑暗世界本来的面貌。

图1-2　黑夜时的整个地球（照片提供：NASA）

2. 光的颜色和物体的颜色

在日常生活中，我们并不会对天空的颜色、花的颜色等进行区别，但天空呈现颜色和花朵呈现颜色的方式却有很大不同。它们一个是自身发光的物体，另一个是接受光而看起来有颜色的物体。

蜡烛的火焰、手电筒灯泡的光、“大”字（日本京都的景点“大字山火”）的火焰、街道的灯光、蓝天和晚霞、太阳和无数的星星等自身发光的物体的颜色，我们称之为“**光源色**”（light color）。光源色也就是光的“颜色”，基本上是由光源发出的光的成分决定的。对于光的成分我将在后面详细叙述。也诚如后文所述，这与对“颜色”的认识是完全不同的。

另一方面，我们将花朵的颜色、鸟的颜色、白天的“大”字山和建筑物的颜色、云彩和雪的颜色以及月亮和行星的颜色等，由于被光照到而发出的物体颜色称为“**物体色**”（body color）。这个物体色，是在物体表面将光源的光吸收掉一部分，其他光产生反射、散射的结果。因此，物体颜色，也就是物体的“颜色”，是由从光源发出的光的成分和物体表面吸收和反射光的性质共同影响决定的。此外，光透过彩色滤光片、彩色玻璃、葡萄酒等透明物质时被吸收掉一部分而产生的颜色也是物体色的一种。

以下逐个进行说明，平时我们不加注意而使用的颜色，如果仔细思考，就会发现它们也是非常深奥和有趣的。

顺便说明一下，“色”这个汉字本身并没有“颜色”的意思。“色”的上半部分和下半部分，表示了两个人将身体弯曲的形状，也就是说，色是表示男女二人的会意文字。因此，所谓“英雄好色”、“色情狂”等词用的是这个字本来的意思。后来这个“色”字，演变为脸色、面色等，再后来演化为现在的“颜色”的意思。

图2-1　蜡烛火焰的颜色（光源色）。通过燃烧变成高温的气体本身在发光

图2-2　日本京都的“大”字山火和街头的灯光（光源色）

图2-3　花的颜色（物体色）。根据吸收和反射的程度，呈现不同的颜色

3. 光和光谱

让太阳光（自然光）透过棱镜，则白光会被分解，变成按一定顺序排列的红色至紫色的有颜色的光（色光）。我们将彩虹的颜色称为“赤、橙、黄、绿、青、蓝、紫”这7个颜色，专业的说，将这样被分解为颜色的光称为“光谱”（spectrum）。

该光谱的颜色差异，其实是与光的波长（频率）相对应的。光（通常所说的电磁波）是在真空中也能传递的特别的波，特定的光具有特定的波长（或者频率）。并且波的波长和频率的乘积是波的速度，光在真空中的波长和频率的乘积肯定是固定的数值，这就是光速（每秒30万千米）。

这样的光（电磁波）中，也有个体差异。我们将人类能看到的380nm（纳米，1米的10亿分之一）到780nm的光，特别称为“可见光”（visual light）。在人的眼睛中，会将波长较长的700nm左右的光感觉为红色，600nm左右的光感觉为黄色，500nm左右的光感觉为绿色，并将400nm左右的光感觉为蓝色或紫色。

正如这样，有时我们将这样的具有特定波长的光（单色光）称为纯色。相对于纯色，我们将各种颜色的光混合得到的颜色称为混合色。

顺便说一下，将拉丁语中表示形状、影像、幻像意思的词汇拿过来，将光的颜色排列命名为“光谱”的，正是艾萨克·牛顿。

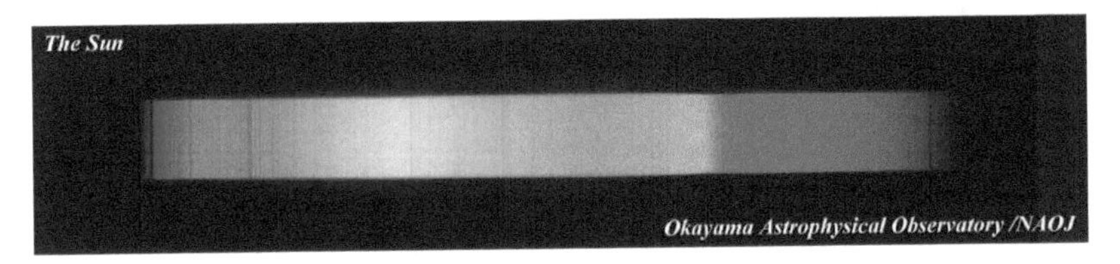

图3-1　太阳的光谱（图片来源：冈山天体物理学观测所＆粟野谕美等所著《宇宙光谱博物馆》）。将太阳光分解为光谱，就会得到各种颜色的光

波长	400nm	450nm	500nm	550nm	600nm	650nm	700nm	750nm
R	234	240	000	061	255	255	255	255
G	000	000	255	255	153	000	000	000
B	255	255	255	000	000	184	164	065

图3-2　纯色。从左侧依次是波长400nm、450nm，500nm、550nm、600nm、650nm、700nm、750nm的颜色（RGB表示）。这应该是紫色、蓝色、青色、绿色、黄色、橙色、红色的顺序，但使用RGB表示时无法完全地将纯色再现

4. 光的直射、反射、折射

我们将光行进的路线称为“光线”（light way），光线具有几个基本的性质。从古代亚力山大时代就已知的光线的三个定律是直射定律、反射定律、折射定律。

首先，光的“直射定律”如下：光/光线在没有障碍物的均匀的介质中会一直前进。光线直射的性质，不只对于眼睛能看到的可见光成立，对于红外线和电波等眼睛看不到的普通电磁波也是成立的。因此，如有屏蔽物等，就会造成手机难以接通，或电视的显示效果不佳等问题。

此外，光线入射到镜面或金属面或水面等平滑平面时，其中一部分被“反射”（reflection）。我们将平面的法线和入射光线之间的夹角称为入射角，将法线和反射光线之间的夹角称为反射角，“入射角和反射角相等”，就是“反射定律”。镜子是很好地应用了反射定律的例子。

图4–1 **直射定律和水中的光线。从云层中射出的光也是直射的，被称为“天使的梯子”**

此外，入射到空气和水等不同物质的界面的光，在从一种介质（如空气）进入到其他介质（如水）时，其光路会发生弯曲，这种现象被称为“折射”（refraction）。发生折射时，我们将界面的法线与入射光线之间的夹角称为入射角，将法线和折射光线之间的夹角称为折射角，则“从稀薄的介质入射到浓厚的介质中时，入射时的入射角大于折射角”，这就是“折射定律”。凸透镜和凹透镜是很好地利用了折射定律的仪器。

为了更加直观地理解光的折射，我们引入了介质的“折射率”这个量的概念。折射率是指光在真空中的传播速度与在某介质中的传播速度的比率，表示光在介质中传播时，介质对光的一种特征。例如，真空的折射率是1、空气的折射率是1.000277、水的折射率是1.33、水晶的折射率是1.54、钻石的折射率是2.42等。介质的折射率越大，则该介质使入射光线发生折射的能力就越强。实际上，钻石正是因为折射率大，才显现出耀眼的光芒。

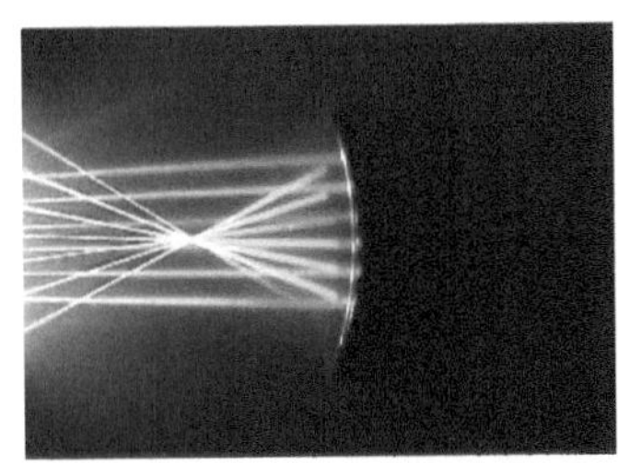

图4-2　**反射定律，凸透镜引起的平行光的反射**

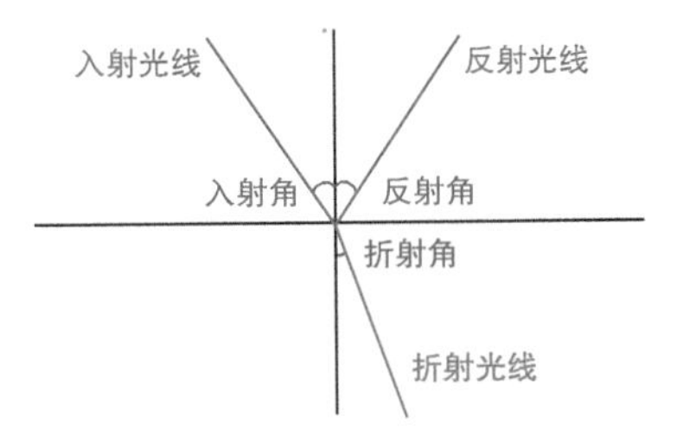

图4-3　**折射定律，棱镜引起的平行光线的折射**

5. 透镜和镜子

很好地利用了光的反射性质的道具是镜子，很好地利用了光的折射性质的道具是透镜。

首先，随处可见的表面是平面的镜子称为“平面镜”（mirror）。如在镜子的对面放一个屏幕，镜子中的像是无法投射到屏幕上的，这种像被称为“虚像”（virtual image）。反之，如投影仪和电影等能投射到屏幕上的图像，被称为“实像”（real image）。投射到镜子中的像——镜像（mirror image）是左右对称的像，却不是上下对称的。实际上它也是前后对称的。

此外，与周围相比中间部位凹陷的镜子称为“凹面镜”（concave mirror）。表面呈光滑球面的凹面镜，可将入射进来的平行光线聚集起来。与之相对，与周围相比中间部位凸起的镜子称为“凸面镜”（convex mirror）。表面呈光滑球面的凸面镜，可将入射进来的平行光线通过反射发散出去。

与周围相比中间部位凸起的透镜称为“凸透镜”（convex lens）。表面呈光滑球面的凸透镜，可将入射进来的平行光线聚集到一点上。此外，与周围相比中间部位凸起的透镜称为“凹透镜”（concave lens）。表面呈光滑球面的凹透镜，可将入射进来的平行光线通过折射发散出去。

顺便说明一下，“凹”和“凸”这两个字分别是表现中间凹陷和凸出的象形文字。那么部首在哪儿呢？凵是这个字的部首，例如，凶、出、函等都是这个部首。

图5-1　平面镜，哪个是真实的呢？

图5-2　凹面镜，平行光线被反射后通过焦点

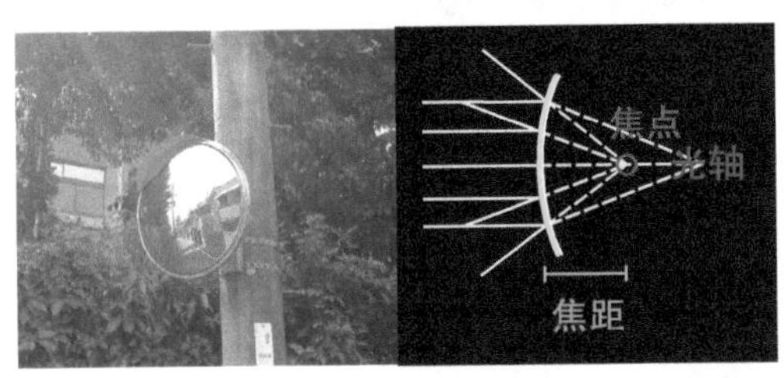

图5-3　凸面镜，平行光线被反射后好像是从焦点射出来的

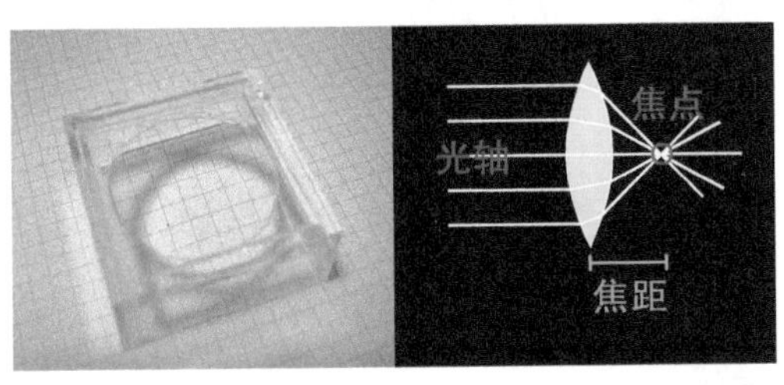

图5-4　凸透镜，平行光线穿过透镜被折射后通过焦点

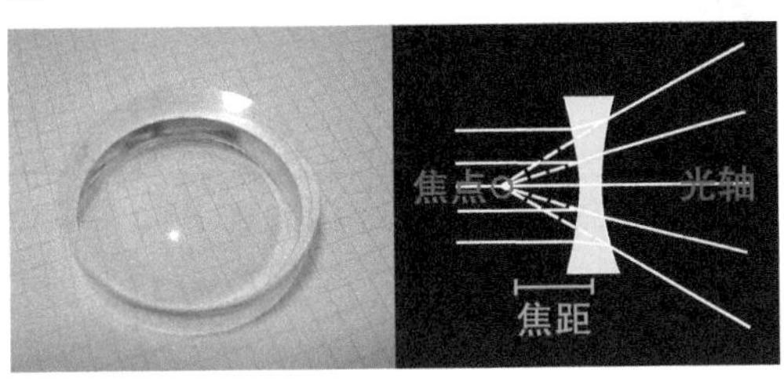

图5-5　凹透镜，平行光线穿过透镜被折射后好像是从焦点射出来的

6. 显微镜和望远镜

应用了透镜和镜子的光学仪器有很多，让我们来看几个与本书的内容关系密切的仪器。

首先，最简单的光学仪器（道具）是“放大镜”（magnifying glass）。放大镜在日语中也被称为“虫眼镜”，因为可用来观察小虫子、收集太阳的光线、用于阅读报纸的文字等。比普通放大镜更小巧、作工更精细的是“小型放大镜”（loupe）。

此外，用于放大观察微小物体的光学仪器是“光学显微镜”（microscope）。光学显微镜除了大家都用过的普通类型之外，还有用于观察矿物质薄片等的偏振显微镜、观察具有厚度的物体时使用的实体显微镜等类型。

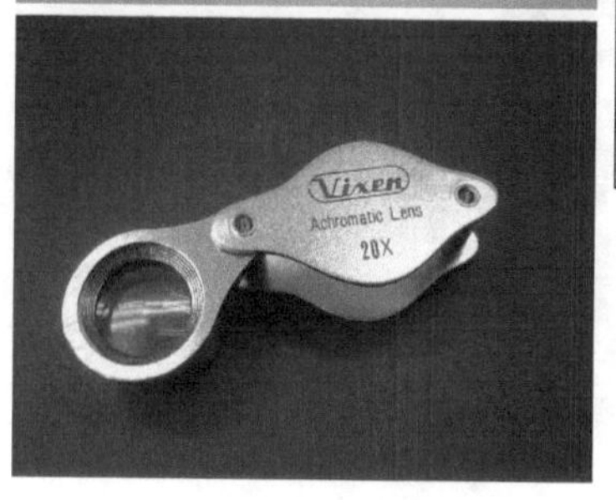

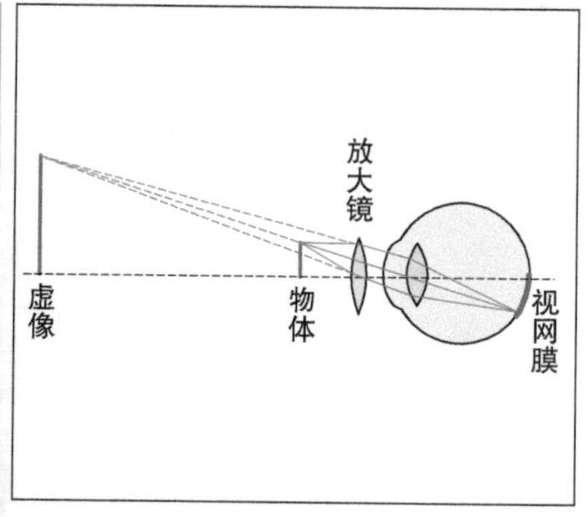

图6–1　放大镜及其原理。物体发出的光线，通过放大镜和眼睛的水晶体（透镜），在眼睛后侧的视网膜上成像。通过仔细调节放大镜的位置，能够看到物体扩大的虚像

此外，用于放大观察远处物体的光学仪器是“望远镜”（telescope）。望远镜包括由多个凸透镜组成的天文望远镜、由凸透镜和凹透镜组成的用于观察正立像的地上望远镜，以及使用了凹面镜的反射望远镜等。

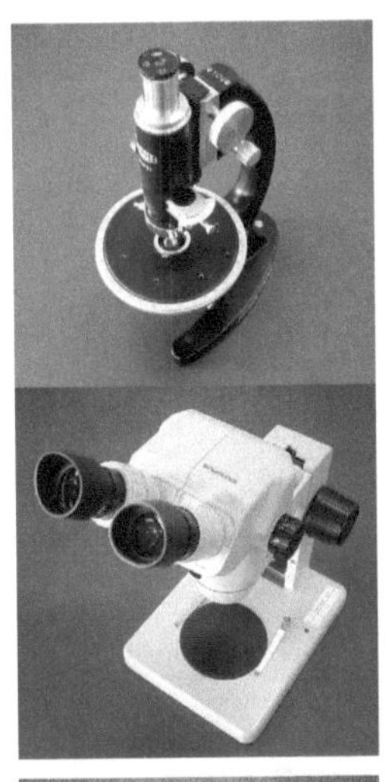

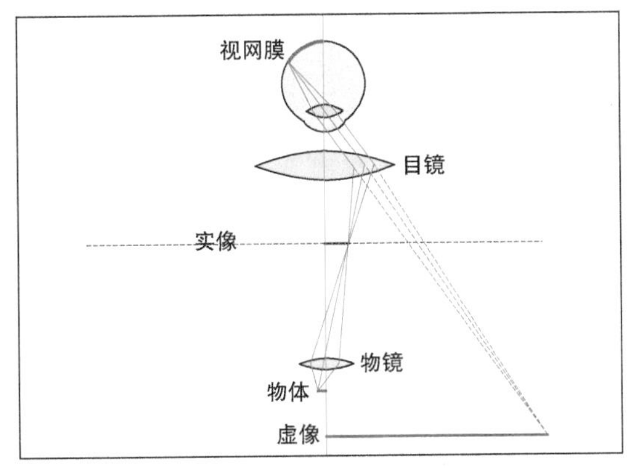

图6-2　显微镜及其原理。物体发出的光线，经过物镜和目镜，以及眼睛的水晶体，在视网膜上成像

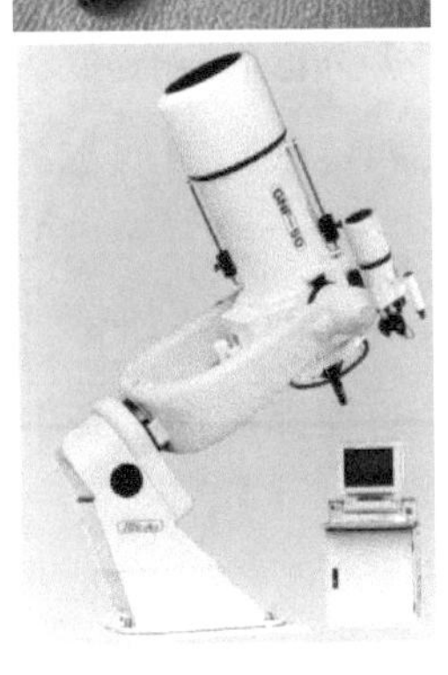

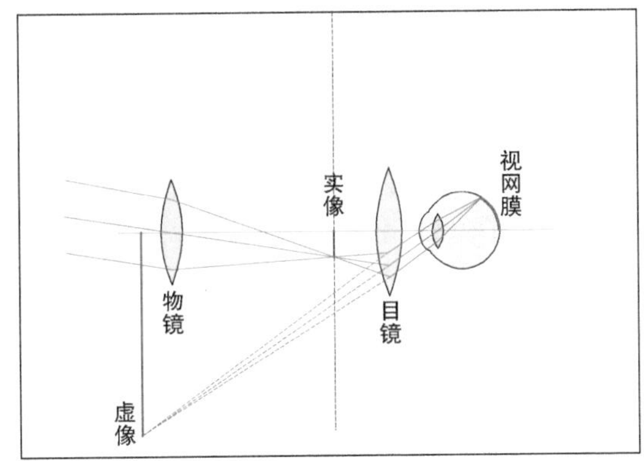

图6-3　望远镜及其原理。从天体射来的光线（几乎是平行光线），在物镜中会聚集成为实像。用目镜将此实像进行放大，我们就能看到天体的图像了

7. 光的色散、衍射、干涉

太阳光通过棱镜则会被分解为七色光，将CD或DVD朝向阳光就会看到彩虹的颜色，肥皂泡的表面和道路的水坑中的油膜等也会呈现七彩。这都是因为作为波的光具有“色散”、“衍射”和“干涉”的基本性质。

像空气和棱镜，光线入射到折射率不同的介质中时，会发生折射。此时，根据光的波长不同，折射率也会稍有不同，因此白光被分解为各种颜色的光，这种现象被称为“色散”（dispersion）。棱镜之所以能够分解光线使之呈现彩虹色，都是因为光具有色散的基本性质。

此外，在经过与其波长几乎相同的微小窄缝（小孔）时，光线会沿窄缝的边缘发生弯曲而偏离直线传播，这种现象被称为光的“衍射”（diffraction）。在CD或DVD的表面，有很多用于记录数字信号的微小凹陷，光会在这个角中发生衍射，并且衍射的程度根据波长的不同而不同，因此会看到颜色。

两个波重合时，在重合区域内，某些点的波始终变强，而另一些点的波始终变弱，这种现象称为波的“干涉”（interference）。光也是波的一种，因此光也会发生干涉。例如，肥皂泡或水坑中的油膜的厚度也只有光的波长左右。因此，在薄膜上面反射的光和在下面反射的光会重合并相互加强或减弱，发生干涉。但是，波长（颜色）不同时，某个波长的光会加强，而其他波长的光会减弱，因此会看到颜色。

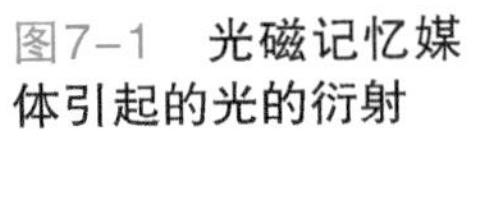

图7–1　光磁记忆媒体引起的光的衍射

图7–2　肥皂泡引起的光的干涉

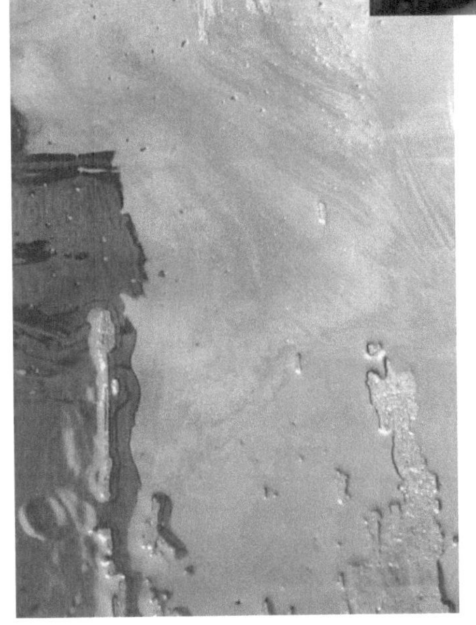

图7–3　油膜引起的光的干涉

8. 棱镜和衍射光栅

很好地利用了光线色散性质的工具是棱镜，利用了衍射性质的工具是衍射光栅。

我们将用玻璃或水晶、塑料等透明物质制作成的三角柱称为“棱镜”（prism），也称为“三棱镜”。

让从狭缝中发出的平行光和激光光线照射到棱镜上，则光线会被棱镜反射或折射。光线因波长不同而造成折射率不同，因此光发生折射时，波长不同其折射程度也不同。具体来讲，与波长较长的红光相比，波长较短的紫光会发生更大的折射。其结果就是入射到棱镜中的白光被折射而从棱镜中出来时，被分散成红色至紫色的光谱。

此外，在玻璃或金属等材质上刻上宽度为光的波长左右的格子（很多时候是平行线），然后用其使光发生干涉，这种光学仪器被称为“衍射光栅”（grating）。

射入衍射光栅的光，在衍射光栅的图案的作用下会发生衍射，此时，偏离直线传播的光会重合进而发生干涉，重合区域内的某些点的光始终变强，另一些始终变弱，但根据其衍射方向的不同，变强的光的波长也不同。其结果就是变强的光排列聚焦而形成光谱。

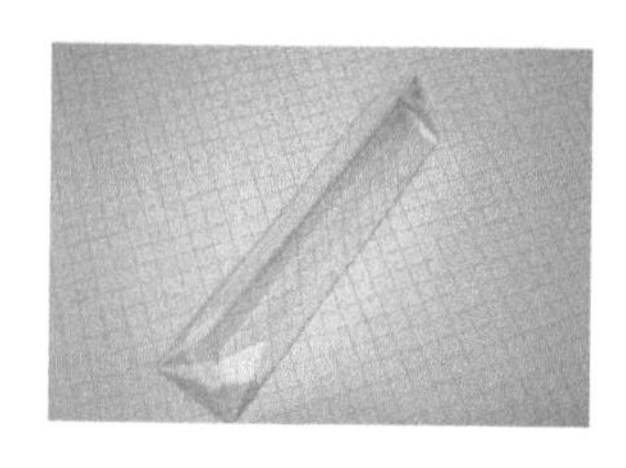

图8-1　棱　镜

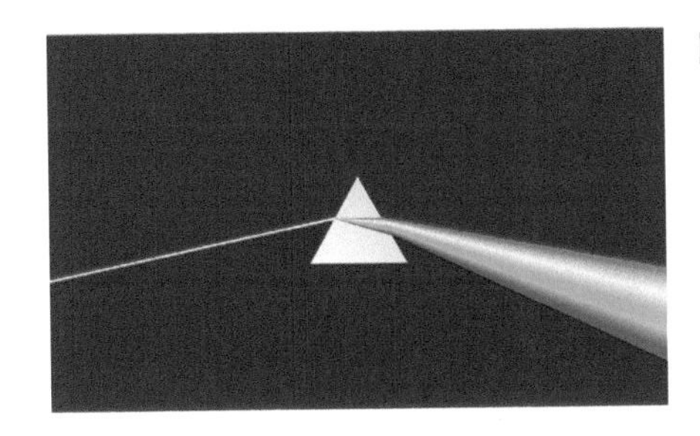

图8–2　棱镜引起的折射

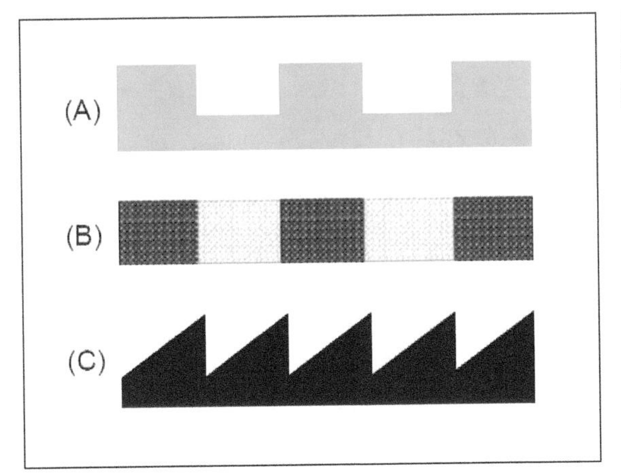

图8–3　衍射光栅的结构。刻有平行的沟、锯齿状的沟

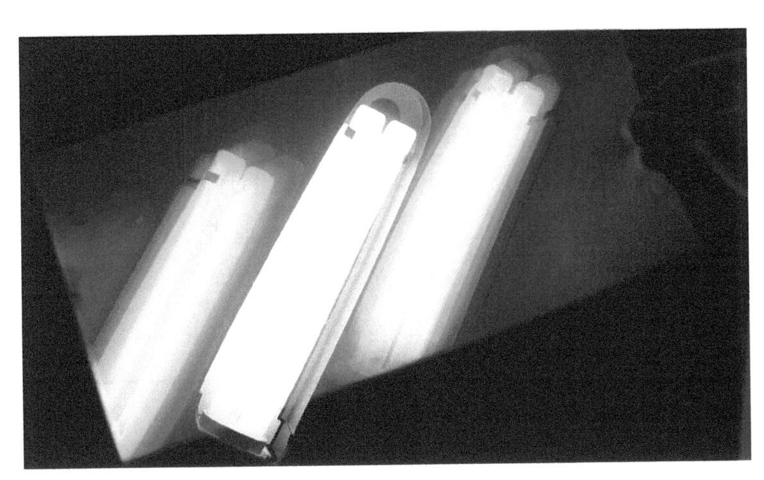

图8–4　衍射光栅实验

9. 光的三原色和色彩的三原色

在这里，作为讲解光的颜色和物体颜色的准备，让我们先来学习一下“三原色”（the primary colors）。三原色中，存在光的三原色和色彩的三原色，这是在中学的美术课中学过的。还存在最近我们在计算机屏幕中使用光的三原色RGB，在彩色喷墨打印机中使用色彩的三原色CMY。

首先，红色（red）、绿色（green）、蓝色（blue）被称为“光的三原色”（色光或者光源的三原色），用开头的文字表示为RGB。红色是波长为700nm的光、绿色是波长为546.1nm的光、蓝色是波长为435.8nm的光。将红色和绿色混合会成为黄色，将绿色和蓝色混色会成为青色，将蓝色和红色混合会成为紫色，将光的三原色以适当的强度混合就能产生其他的所有颜色。若将光的三原色混合则亮度就会提高，我们称其为加法混色（加色混合）。若将红色、绿色、蓝色按相同强度混合会成为白色。此外，若将红色和青色、绿色和品红色、蓝色和黄色混合也会成为白色。我们将混合就会变成白色的颜色，相互称为互补色或余色。

另一方面，我们将青色（cyan）、品红色（magenta）、黄色（yellow）称为“色彩的三原色”（正确地讲是色料或物体色的三原色），用开头字母表示为CMY。物体的颜色是因为吸收光产生的，蓝绿色的青色是因为吸收红光而产生的，紫红色的品红色是因为吸收绿光而产生的，黄色是因为吸收蓝光而产生的。将青色和品红色混合则成为蔚蓝色，将品红色和黄色混合则成为红色，将黄色和青色混合则成为绿色，其他的色彩也都可通过将三原色以适当比例混合而得到。将色彩的三原色混合则亮度下降，将其称为减法混色（减色混合）。并且，将品红色、青色、黄色等量混合则会成为黑色。

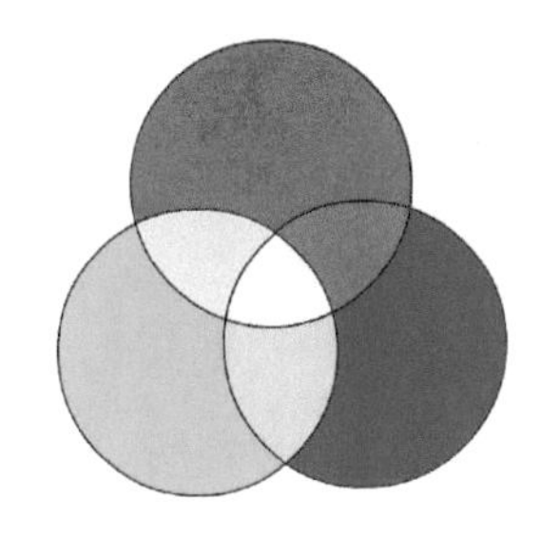

图9–1　光的三原色

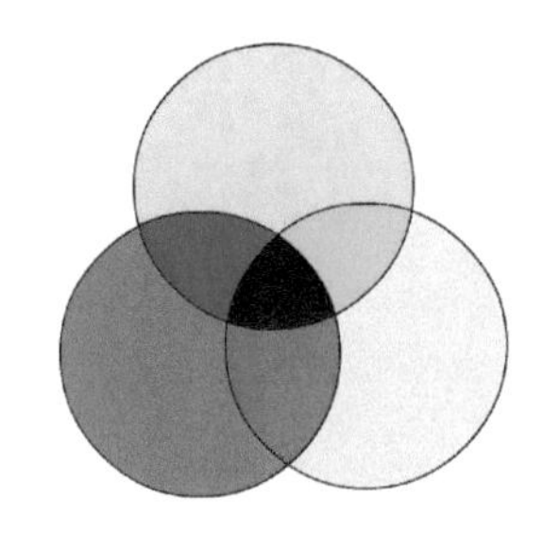

图9–2　色彩的三原色

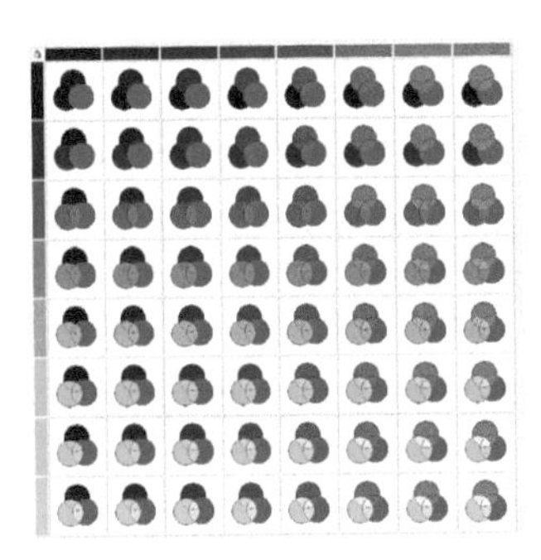

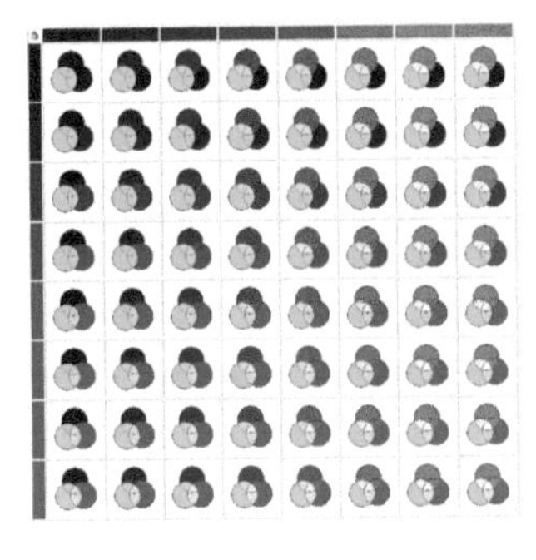

图9–3　三原色的混合

10. 光的反射和吸收

光线照在物体上时，会被物体表面或内部反射或吸收，有时会发生透射。此时，被反射的比例为“反射率”（reflectivity）或“反射能力”（albedo）。被吸收的比例为“吸收率”（absorptivity），透光的比例为“透光率”（transmission efficiency）。反射或吸收的比例，一般根据光的波长不同而不同，这是呈现物体色的原因（光源色也与此有关）。

例如，苹果或樱桃对波长较长的红光的反射率高，所以被白光照射就会呈现红色。此外，对红光以外的光反射率低的物体，如果不是照射白光而是照射蓝光或绿光，则会看起来是黑色的。相反，像氰化物颜料一样，会吸收红光，而将其他蓝色和绿色的光反射，这种物体会呈现红色互补色的青色。

或者，绿叶等对中等波长的绿光反射率高，被白光照射时看起来是绿色的。反过来，品红色的颜料等，吸收绿光而反射红光和蓝光，会呈现绿色互补色的品红色。

此外，蓝玫瑰等对短波长的蓝光反射率高，被白光照射时看起来是蓝色的。反过来，黄色的颜料等，吸收蓝光而反射绿光和红光，会呈现蓝色互补色的黄色。

并且，将所有波长的光都反射的物体，依照反射程度的不同，会呈现白色、银白色、灰色，吸收几乎所有波长的光的物体，会呈现黑色。

当然，波长不同则反射程度也是有微小差异的。用来表示每种波长与光的反射率之间关系的曲线被称为“反射率曲线”。

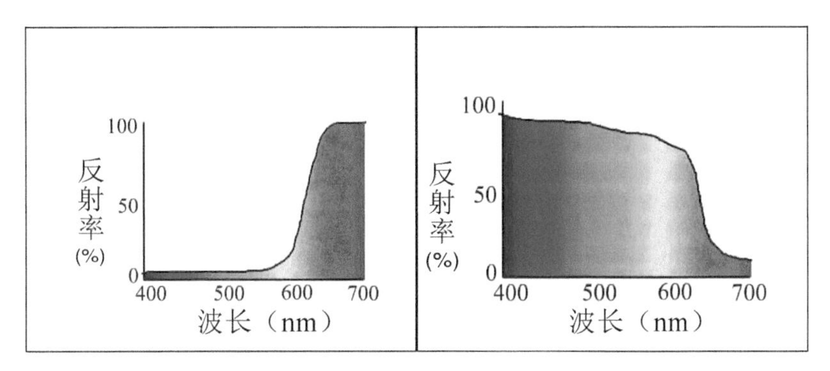

图10-1　红色物体和青色物体的反射率曲线

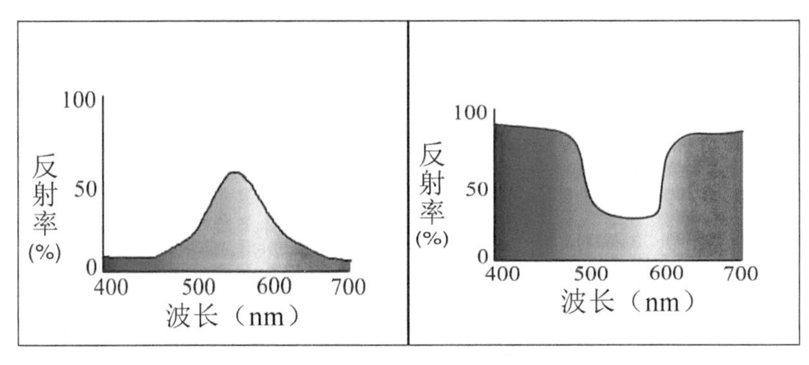

图10-2　绿色物体和品红色物体的反射率曲线

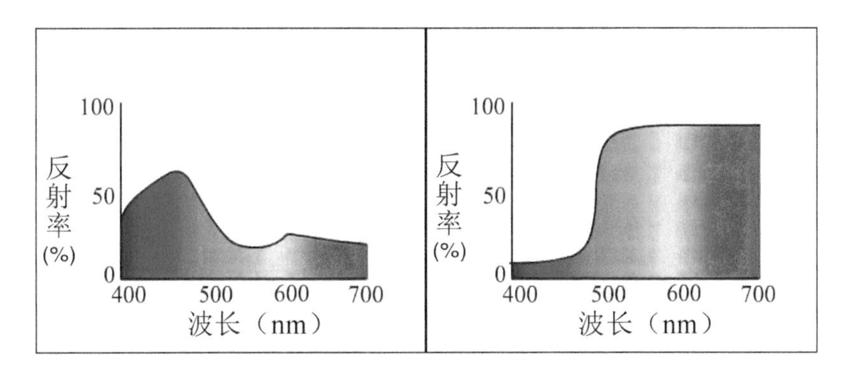

图10-3　蓝色物体和黄色物体的反射率曲线

11. 照相机和彩色照片

照相机是与光和色相关的装置，在这里简单介绍一下照相机及其原理。

众所周知，拍摄照片的工具是“照相机”（camera）。现在数码相机（digital camera）已普及，以前使用的胶卷相机现在作为一次性相机偶尔还能看到。从颜色的角度，让我们首先来了解一下胶卷相机，特别是胶卷。

在照相机中，通过凸透镜将拍摄对象的实像聚焦在胶卷（或感光元件）上并记录下来。

记录照相机拍摄的影像的媒介之一是“胶卷”（film）。彩色胶卷的结构，按照从外层（照片中的橙色面）到内层（照片中的黑色面）的顺序，依次是蓝色感光乳剂、黄色过滤层、绿色感光乳剂、红色感光乳剂以及片基的层状结构。入射光线中的蓝光，使第一层（蓝色感光乳剂）感光，促使蓝色感光乳剂中含有的色素显色，生成黄色（Y）的图像。不过此图像被下层的黄色过滤层阻断，不会到达下一层。绿光会通过黄色过滤层使第二层（绿色感光乳剂）感光而生成品红色（M）的图像。红光会通过第一层和第二层，使第三层（红色感光乳剂）感光而生成青色（C）的图像。最终，在感光的彩色底片中会出现与原来颜色互为互补色的图像。

近年来，无论是用于天文观测还是家庭拍照，数码相机得到飞速普及。作为兼具感光和记录功能的胶卷的替代品，数码相机使用CCD或CMOS来感光，并使用闪存等来进行记录。

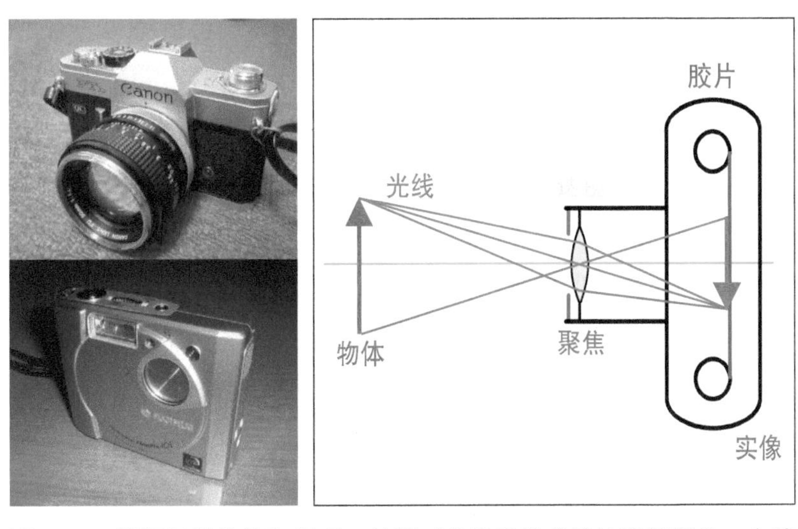

图11–1　照相机的结构和原理。拍摄对象发出的光线被透镜聚焦，在胶卷上形成倒立的实像

图11–2　胶卷的结构。胶片具有复杂的层叠结构

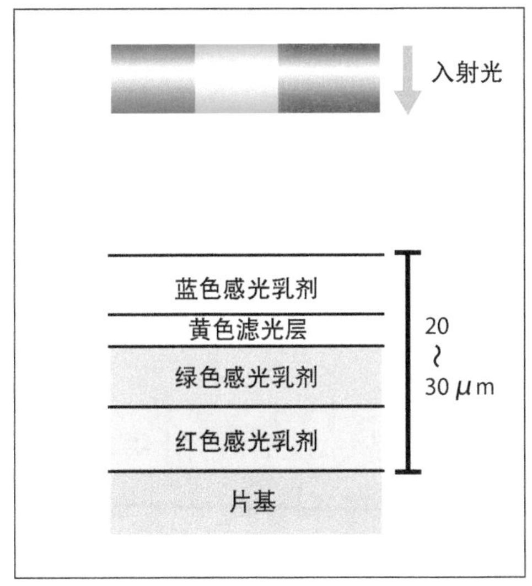

12. CCD和灵敏度曲线

现在的数码相机和手机中使用的感光器是被称为CCD的固体摄像元件。

“电荷耦合元件：CCD”（charge coupled device），是可利用光电效应将入射光转变为电子而保存的半导体元件。CCD的基本结构，是将石英（SiO_2）等的绝缘层，嵌入用多晶硅等透明度良好的材料制作的电极和硅（Si）基层之间。在硅基上排列着许多个10~20μm的被电性分割的微小区域（像素），每个区域就是一个元件。当有光子射入时，光子会透过电极和绝缘层到达硅基层。由于光电效应，会有光电子从硅里飞出来。光电子聚集到具有正电压的电极上，但电极与硅是绝缘的，因此光电子不会流入电极，而是在硅表面的各个像素中蓄积。让蓄积的电子按一定方式移动并在外部读取，然后在计算机上对CCD上的各像素的数量进行测量，最后将其作为图像再现并记录下来。

在量子效率、波长灵敏度以及动态范围的性能等所有方面，CCD都要比照片胶卷优秀。

首先，我们将射入的光子中实际能作为信号被有效记录的光子的比例称为“量子效率”（quantum efficiency）。肉眼的量子效率是1%以下。照片干板的量子效率不过1%~10%。而CCD的量子效率极高，可以达到70%~90%。

此外，使用感光器检测对象物质发出的光时，感光器并不对所有波长的光产生反应，而只是对有限波长区域内的光产生反应。此时各个波长的灵敏度被称为“波长灵敏度特性”（spectral sensitivity）。例如，肉眼最容易感觉到黄色至绿色的光。照片干板能很好地感觉到波长为300~700nm的蓝色光。而CCD对从蓝色到近红外（400~900nm）的广泛范围内的光都具有波长敏感度。

并且，我们将感光器能检测到的光的最大强度和最小强度的比称为“动态范围”（dynamic range）。动态范围大则可同时拍摄黑暗的天体和明亮的天体。照片的动态范围不过是100左右，CCD的动态范围却可以达到100万。并且，使用CCD的情况下，曝光和信号输出之间成单纯的比例关系（直线性好），因此数据处理变得非常容易。

CCD不只是灵敏度非常出色，此外，用其拍摄的图像都是通过电子记录得到的数码数据，因此用计算机处理起来非常方便快捷。这就是今日数码相机得以爆炸性普及的原因。

图12-1　CCD元件（粟野谕美等《宇宙光谱博物馆》）。在左侧小小的CCD芯片中，排列着数百万个元件

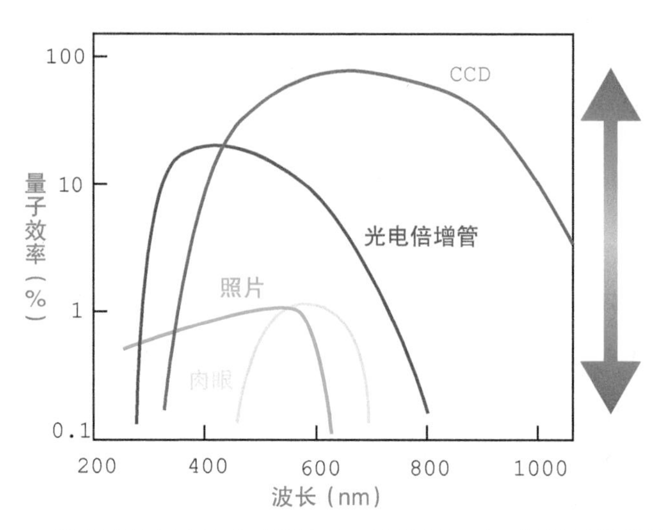

图12-2　**量子效率和波长敏感度特性。横轴是波长，纵轴是量子效率**

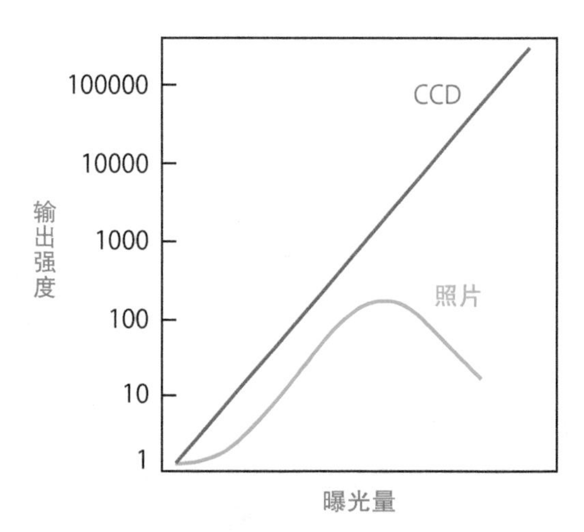

图12-3　**动态范围。横轴是曝光量（感光量），纵轴是输出强度（作为照片中的黑色以及电信号被记录的量）**

13. 滤色镜和3色彩色合成

只允许特定种类的光线透过的薄膜，被称为“滤镜”（filter）。滤镜中有很多种类，例如，只允许红色和蓝色等特定波长区域内的光透过的滤镜被称为“滤色镜”（color filter，又称滤光镜）。滤色镜中也有只允许特别狭窄的波长区域内的光透过的。例如，只允许氢气放出的H-α谱线附近的光透过的“H-α滤镜”等。这些滤色镜被用于测量特定波长区域的光的强度。

此外，也有将可见光的整个波长区域内的光量降低的“ND滤镜”（neutral density filter）。透过这个ND透镜来观察太阳等非常强的光源时，可减少光量。

光是波，因此具有振动平面，只允许具有特定振动面的光——“偏振光”（polarized light）透过的滤镜被称为“偏振光滤镜”（polarizing filter）。

图13-1　滤色镜

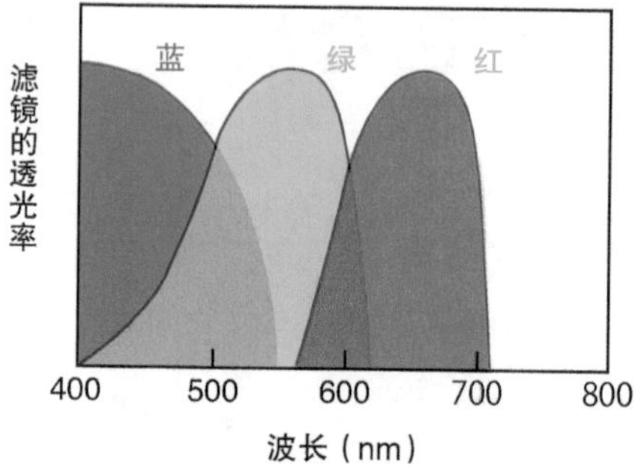

图13-2 滤色镜的灵敏度曲线。例如，在街区附近拍摄天空时，街区的蓝光多，因此使用红光滤镜摄影，就会减少街区光线的影响

图13-3　蓝色天空有少许偏振光。透过偏振光滤镜（左侧）和没有透过偏振光滤镜（右侧）的时候相比显得有些暗

图13-4　水面的反射光会发生少许偏振。在这样发生偏振的反射光通过的方向上放置偏振光滤镜时（左侧），与没有偏振光滤镜的时候一样，水面很亮。但将偏振光滤镜放置在能将发生偏振的反射光滤掉的方向上时（右侧），由于反射光受到抑制，因此水底就能看得很清楚

14. 颜色的名称

与汉语一样，在日语中用来表现颜色的词汇也非常丰富。例如，同样是红色，也有红、朱、赤、绯、胭脂等各种颜色。也有如浅葱色或萌黄色等听起来很美的颜色。也有如海松茶、麹尘、半色、空五倍子色等，只看字面无法想象出是什么样的颜色。

日语中大约有500种左右的颜色名称，可参考http://www.colordic.org/w/。下面介绍其中一部分。

为了方便，我将它们分为红色系、橙色系、黄色系、绿色系、青蓝色系、紫色系、灰色系。

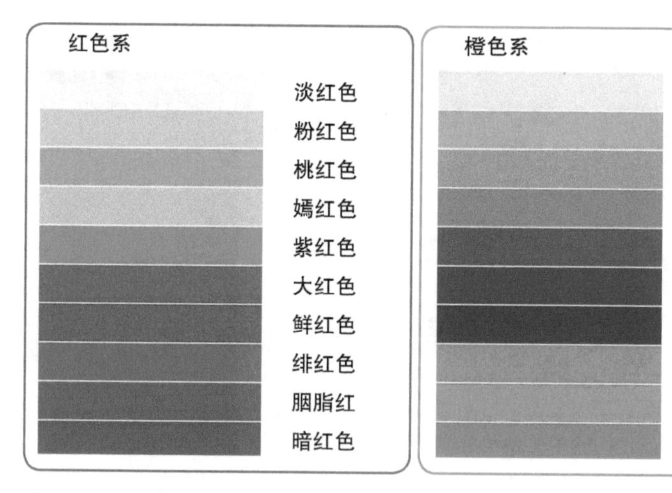

图14-1　颜色名及对应的颜色

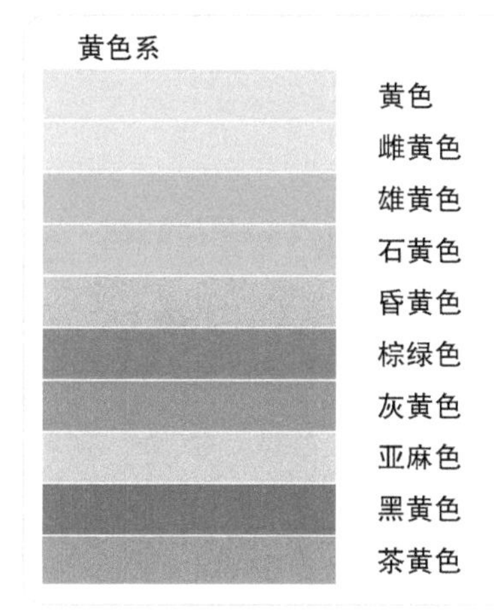
黄色系
黄色
雌黄色
雄黄色
石黄色
昏黄色
棕绿色
灰黄色
亚麻色
黑黄色
茶黄色

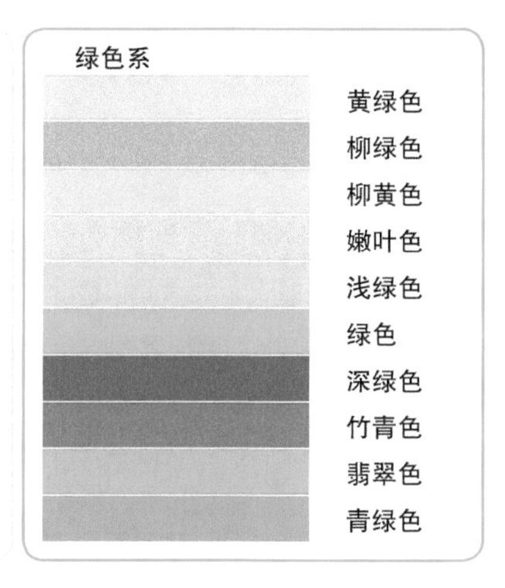
绿色系
黄绿色
柳绿色
柳黄色
嫩叶色
浅绿色
绿色
深绿色
竹青色
翡翠色
青绿色

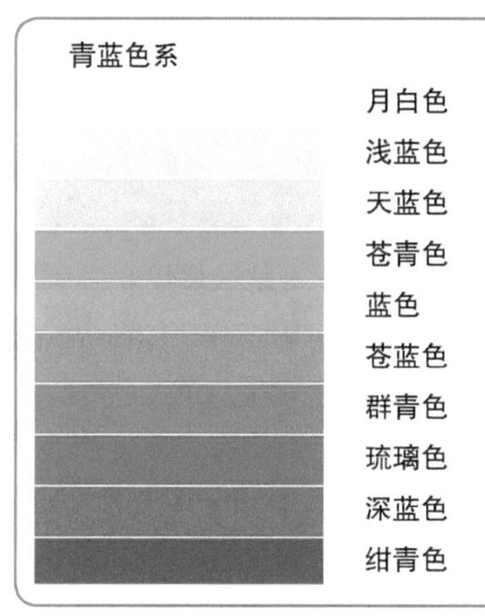
青蓝色系
月白色
浅蓝色
天蓝色
苍青色
蓝色
苍蓝色
群青色
琉璃色
深蓝色
绀青色

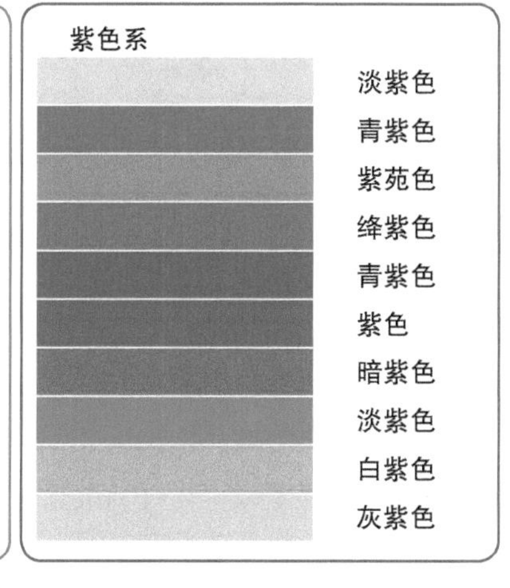
紫色系
淡紫色
青紫色
紫苑色
绛紫色
青紫色
紫色
暗紫色
淡紫色
白紫色
灰紫色

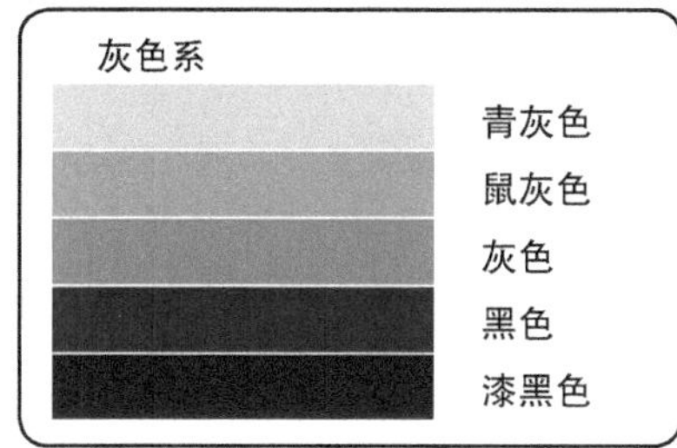
灰色系
青灰色
鼠灰色
灰色
黑色
漆黑色

续图14-1

15. 色相、亮度、色度

根据国家和时代的不同，颜色的称呼是多种多样的。单凭感性的表示方式，实际用起来比较麻烦。现在提倡根据颜色的性质对各种颜色进行指定的方法。光源色的表示方法（如用RGB来表示）将在后面介绍，我们在这里首先看一下物体颜色的表示方法。

首先看一下用于表示物体颜色的“颜色属性”（color attribute）：色相（又称色调）、亮度（又称明度）和色度（又称饱和度、纯度）。

其中，“色相”（hue）是表示颜色相貌的指标，分为红（R）、黄红（YR）、黄（Y）、绿黄（GY）、绿（G）、蓝绿（BG）、蓝（B）、蓝紫（BP）、紫（P）、红紫（RP）这10个主要色相。每个色相又进一步被分为1~10共10个阶段（各色相的中间值为5）。将主要色相和中间色呈环状排列的图称为“色相环”（color circle）。

其次，“亮度”（value）是表示颜色明暗的指标，从纯黑（亮度0）到纯白（亮度10）共分为11个阶段。当然，没有颜色的非彩色（achromatic color）只有亮度这一个属性。而有颜色的彩色也并非具有所有的亮度阶段。例如，亮度为0的颜色只有纯黑色，亮度为10的颜色只有纯白色。此外，英语中value这个词，在绘画用语中表示“亮度”。

“色度”（chroma）是表示颜色鲜艳程度（纯度）的指标，随着从非彩色（彩度是0或N）逐渐变鲜艳，色度逐渐变高。最初是分为10个阶段的，后来随着有更鲜艳的颜色出现，现在有高于10个的色度存在。

图15-1　色相环。从上面按照顺时针方向分为红（R）、黄红（YR）、黄（Y）、绿黄（GY）、绿（G）、蓝绿（BG）、蓝（B）、蓝紫（BP）、紫（P）、红紫（RP）

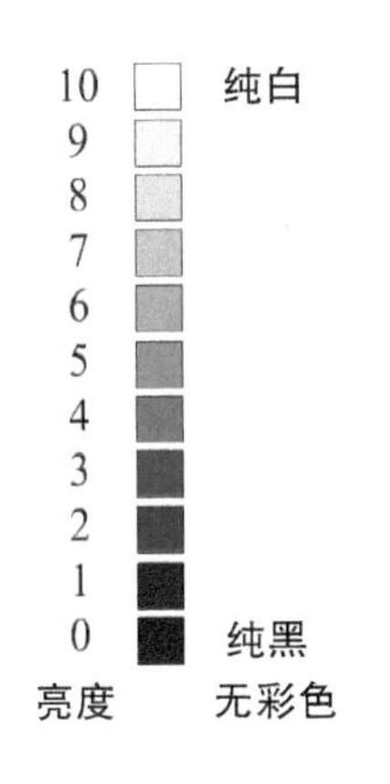

图15-2　亮度。分为纯黑（亮度0）至纯白（亮度10）共11个阶段

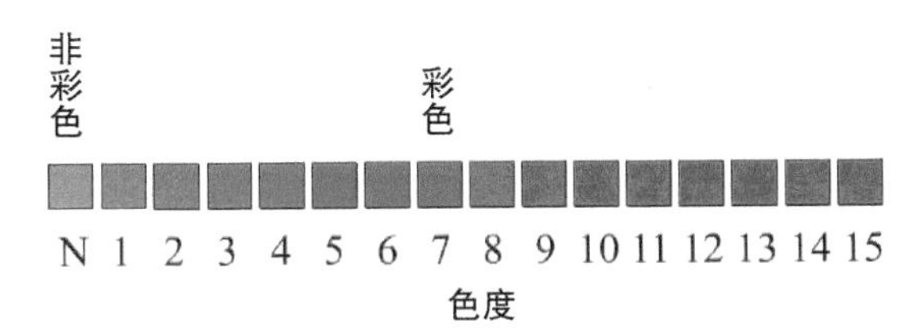

图15-3　色度。从非彩色（色度0，N）到最鲜艳的颜色（色度15）

16. 比色图表和色立体

基于颜色的三个属性，即色相（H）、亮度（V）、色度（C）表示颜色的方法被称为“芒塞尔新表色体系”（Munsell renotation system）。在芒塞尔新表色体系中，一个颜色会被标记为HV/C。例如，5R6/4，表示色相为R（红）的中央值5、亮度为6、色度为4的颜色。

此外，直观视觉性的表示方法有“比色图表”（color chart）”。例如对某色相的颜色，以亮度作为纵轴，以色度作为横轴，然后在平面上排列该色相的所有颜色。可用其在印刷、涂装以及动画片上色工作中指定物体颜色。

将比色图表按照色相环的顺序进行立体排列就得到“芒塞尔色立体”。估计很多读者在美术课本中应当看到过。

顺便说明一下，芒塞尔表色体系最初是美术教育学家芒塞尔在1905年制作的。之后，美国光学学会基于科学性考察加以修正，1943年制定了芒塞尔新表色体系。其后，日本工业规格JIS于1958年根据芒塞尔新表色体系，制作了标准比色图表。

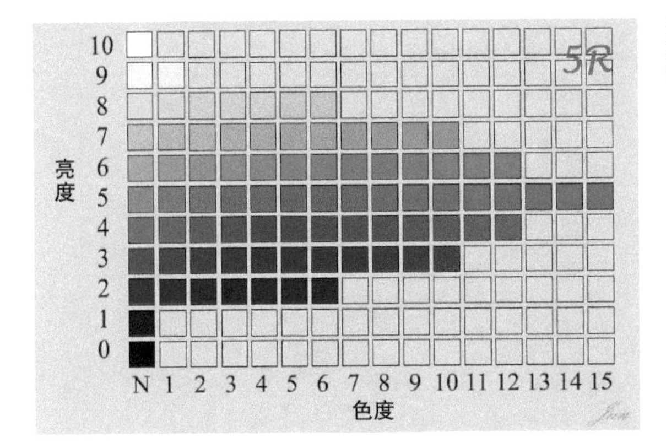

图16-1　5R的比色图表

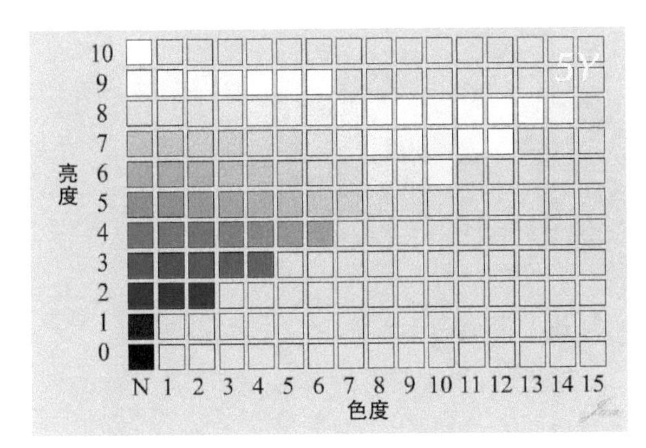

图16-2　5Y的比色图表

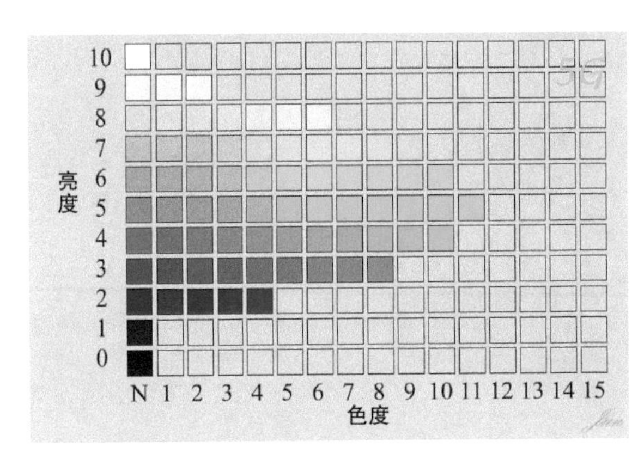

图16-3　5G的比色图表

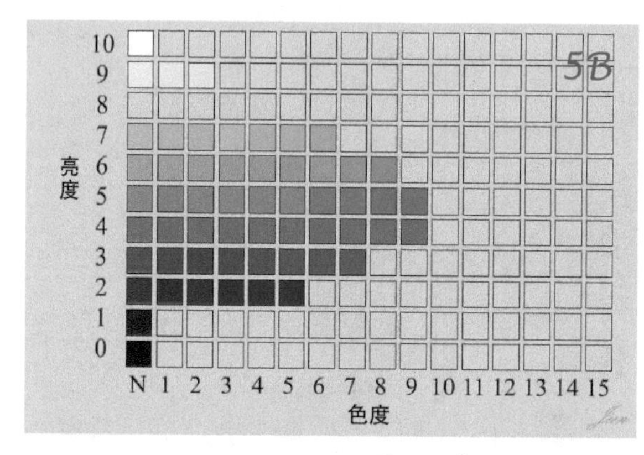

图16-4　5B的比色图表

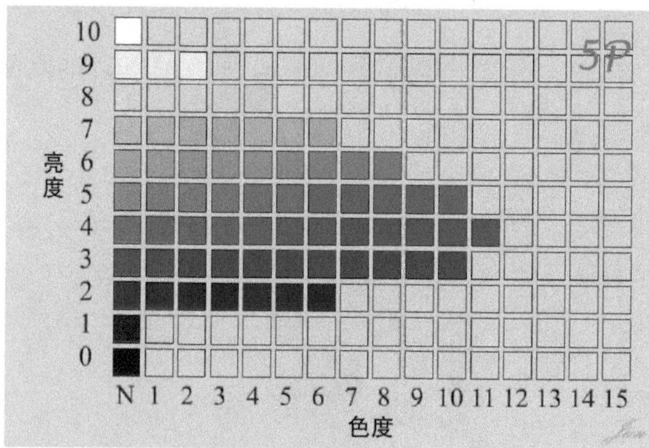

图16-5　5P的比色图表

图16-6　芒塞尔色立体。纵向是亮度、半径方向是色度、圆周方向是色相

17. RGB色彩体系和XYZ色彩体系

接下来让我们来看一下光源色的表示方法。

将光的三原色RGB进行混合，可制作出各种颜色。使用RGB表示颜色的体系为“RGB色彩体系”（RGB color system）。现在使用的是国际照明委员会CIE（International Commission on Illumination）在1931年制定的CIE-RGB色彩体系。

对各波长的光的三原色的刺激值（敏感度）进行测定的，是“颜色匹配函数”（color matching function）。因为是对单色光（光谱色）的三刺激值，也被称为光谱三刺激值。

但是，RGB色彩体系是基于人类视觉的三原色，所以某些颜色用RGB色彩体系的颜色匹配函数表示时是负值，而实际上，也确实存在用视觉三原色RGB无法表示的颜色。

为此，在详细研究了用器械测定颜色、表示颜色的性能和人眼对光的波长的敏感性等方面之后，CIE在1931年制定了“XYZ色彩体系”（XYZ color system），也就是CIE-XYZ色彩体系。

这个XYZ色彩体系的颜色匹配函数都是正数。而这个体系能表示用RGB无法表示的颜色，因此红色具有2个峰，呈现出有点奇怪的形状。

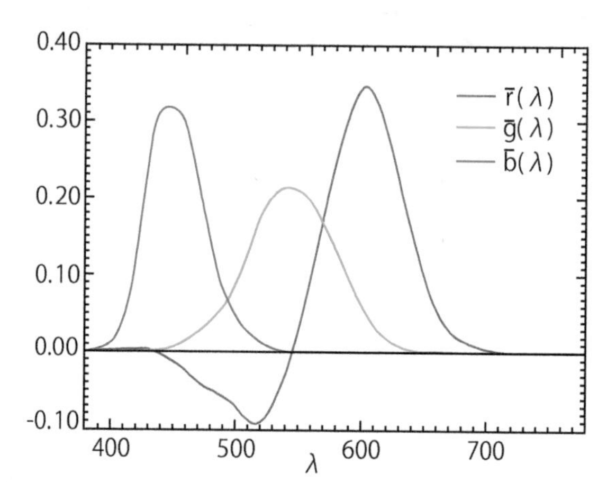

图17-1　RGB色彩体系的颜色匹配函数。从左边开始，是蓝色b、绿色g、红色r的函数。红色r的颜色匹配函数的一部分是负值。[颜色匹配函数的数据：Colour& Vision Research Laboratories Institute of Ophthalmology，UCL（http://cvision.ucsd.edu/）]

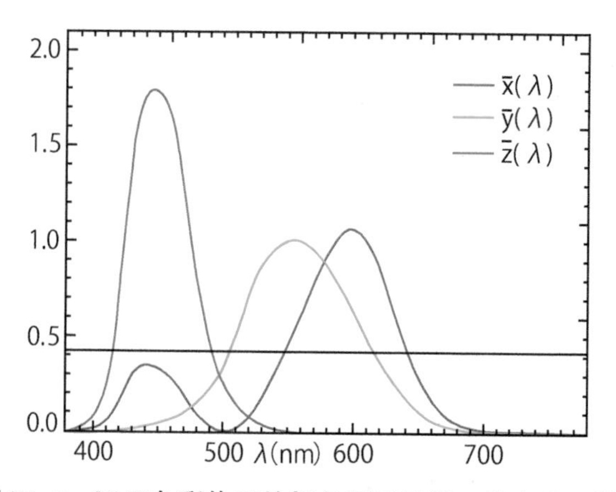

图17-2　XYZ色彩体系的颜色匹配函数。从左边开始，是蓝色X，绿色Y，左边的小峰是红色Z的函数。所有颜色匹配函数都是正数。[颜色匹配函数的数据：Colour& Vision Research Laboratories Institute of Ophthalmology，UCL]

18. xy色度图

想要表示颜色（表色），基本上需要3个数值。不过因为光的亮度是可变的，所以表示光的颜色最少需要色相和色度两个颜色信息即可。实际应用时，三维色彩空间（例如芒塞尔色立体）表示起来很难，但如果用二维原色平面，则容易操作。

具体来讲，比较常用的是XYZ色彩体系，牺牲亮度，将三维XYZ色彩空间变为二维xy平面的“xy色度图”（xy color diagram）。这个xy色度图也是国际照明委员会CIE在1931年制定的，所以也被称为CIE色彩体系或XIE色度图。

在这个xy色度图中，使用与XYZ色彩体系的3个刺激值X、Y、Z的比例X∶Y∶Z相同比例的x:y:z来表示（其中，x+y+z＝1）。

以这样变换得到的x值作为横轴、y值作为纵轴，用以表示所有颜色的图就是xy色度图。z是自动决定的，因此没有使用。xy色度图中，各种颜色在xy坐标系上，都表现为吊钟状、马蹄形的区域。

用色度图表示所有的颜色。也就是说，相对于图中央的白色（非彩色），越往周围颜色越鲜艳，色度图周围的边境的颜色是单色光（纯色）。这个马蹄形区域的外侧轨迹被称为“光谱轨迹”。底部的直线被称为红紫线或“纯紫轨迹”，这是光谱中不存在的颜色。

我们将被光谱轨迹和纯紫轨迹圈起来的区域（有颜色的区域）的光的颜色称为“真色”（real color）。这个区域是普通人能看到的光的颜色区域。与之相对，我们将光谱轨迹的外侧区域的颜色称为“伪色”（imaginary color）。

此外，RGB色彩体系是XYZ色彩体系的部分集合，在xy色度图上，相当于图18-2中的三角形区域。因此，用RGB色彩体系来表示所有颜色，在理论上是不可能的。

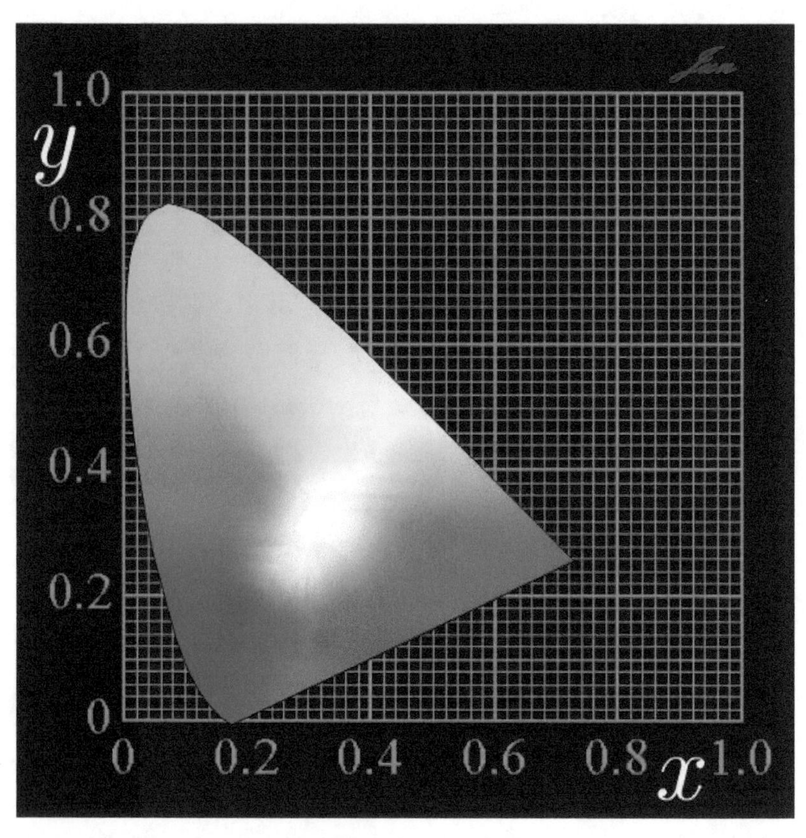

图18-1　xy色度图。将颜色信息数值化，排列在二维平面上。因为是数值化的颜色，因此也有看不到的颜色。将有色区域外侧轨迹称为光谱轨迹，将底边部的直线称为红紫线

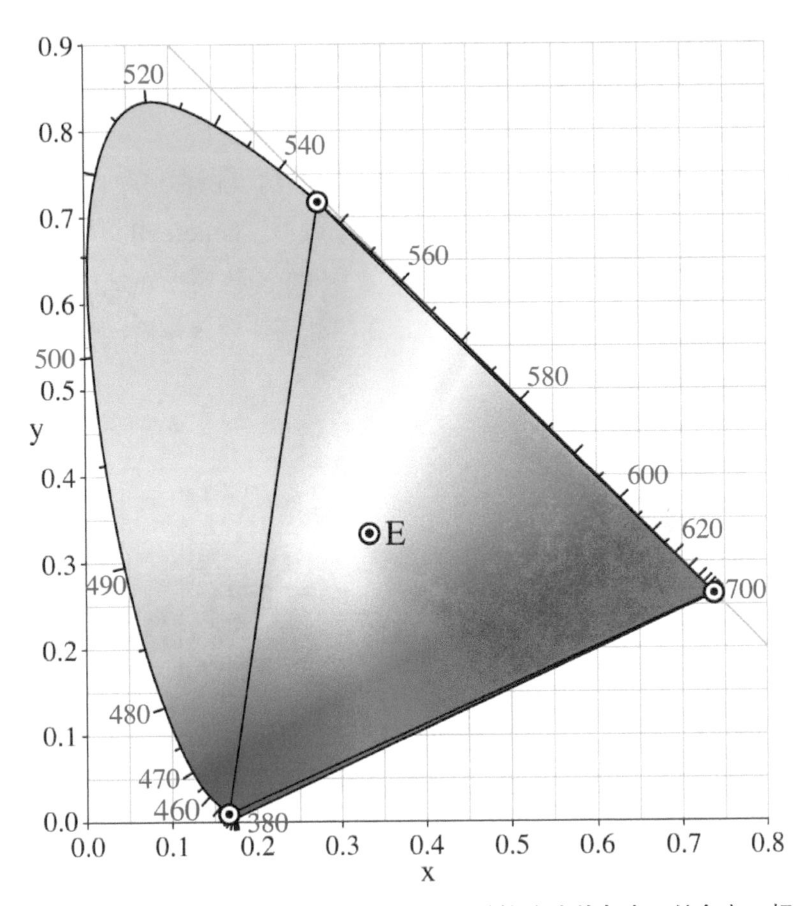

图18-2 xy色度图上的RGB区域。沿着光谱轨迹（单色光、纯色），标记了波长（单位nm）。右下的圆圈为红色（R）、上方为绿色（G）、左下为蓝色（B）、E为白色

19. 眼睛和视觉细胞

人眼中的视觉细胞中，有根部是棒状的“视杆细胞”（rod cell），也有根部为圆锥形的“视锥细胞”（cone cell）。视杆细胞共有2亿个，在暗处也能起作用，虽然分不清颜色却能感觉到明暗。视锥细胞只有700万个，在暗处无法发挥作用，但能够分辨出色彩。

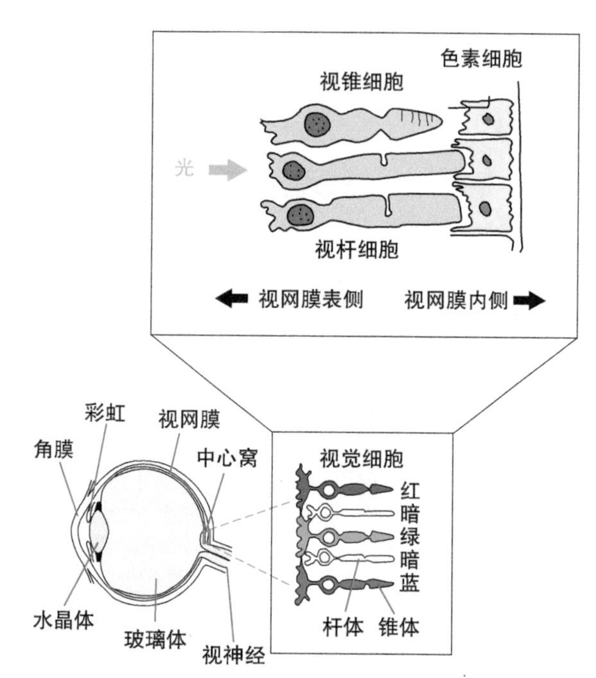

图19-1 视觉细胞。视觉细胞排列在有光射入的视网膜表面。其中被称为“视蛋白”的蛋白质吸收光而产生反应

视锥细胞有红锥体（L锥体）、绿锥体（M锥体）以及蓝锥体（S锥体）三种。红锥体对波长为560nm左右的光的吸收能力最大，主要感觉黄绿色到红色的光；绿锥体对波长为530nm左右的光的吸收能力最大，主要感觉绿色到橙色的光；蓝锥体对波长为420nm左右的光的吸收能力最大，主要感觉紫色到蓝色的光。

人眼主要在敏感度区域的中央（绿色光线）感觉光亮，在敏感度区域的两端（蓝色和红色）来感觉色调。但是，正是为了反映这样的生理学特征和心理学上的色彩感觉，才有三种基本色——“三原色”（three primary colors）存在。

此外，虽然说是三种，实际上是红锥体和绿锥体的吸收率的曲线很相似，它们被认为可能是由原本相同的细胞分化而来的。那么，人们是在何时之前只能认识到两种原色（蓝和红）的呢？又是在进化到什么程度的时候变成三原色的呢？

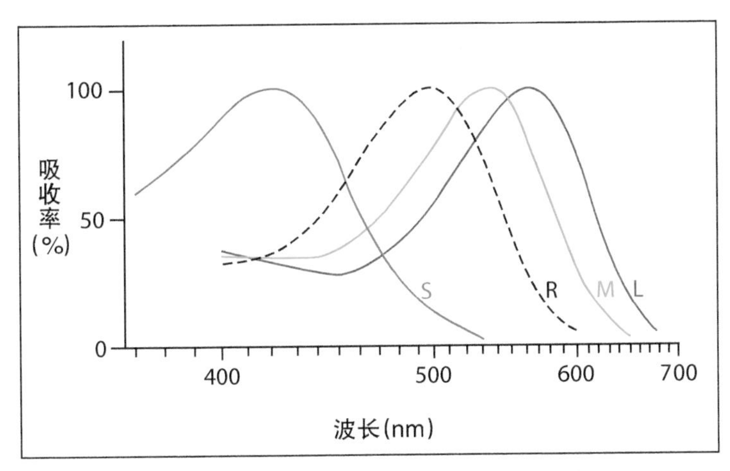

图19-2　视觉细胞的敏感度曲线。从左边开始分别是蓝锥体、杆体、绿锥体、红锥体的敏感度曲线

20. 黄色是什么颜色？

那么，我们每个人是如何认识颜色的呢？这实际上是涉及物理、生理、心理等因素的非常复杂困难的问题。例如，有“波长不是颜色”这样的说法（如按照牛顿说的，也许是“光线没有颜色”）。

一般来讲，有“光能被棱镜分为彩虹的七种颜色，所以可见光的各个波长具有不同的颜色”这种说法存在。这是前面也介绍过的。那么这是真实的吗？

例如，我们可以这样考虑。将彩虹的七种颜色合并起来就是白光，将光的三个原色合并也会成为“白光”。或者，更单纯的是在我们的脑中，看到黄光时，就当然会认识为“黄色”，但看到“红光和绿光”时，也认识为“黄色”。黄光、红光和绿光在物理学上是完全不同波长的光，可用眼睛看、脑子认识到的颜色，两者却都是“黄色”。

也就是说，感受到某种光线时，无论是单色光还是复色光，由于受下列因素的影响，其结果才被认识成是某种“颜色”。这些因素是：

- **光源的颜色。**
- **眼睛表面的反射。**
- **视觉细胞感受到光时的光化学反应。**
- **传递到视觉神经时的感觉刺激值。**
- **传递到脑的视觉区的颜色信息的脑内分析。**
- **心理、环境因素等。**

在这个意义上，光本来就是无论什么波长都是“无色透明”的，颜色这个概念不过是我们感觉上的认识。

牛顿命名的“光谱”这个虚幻的词，也许可以说是非常恰当的词。

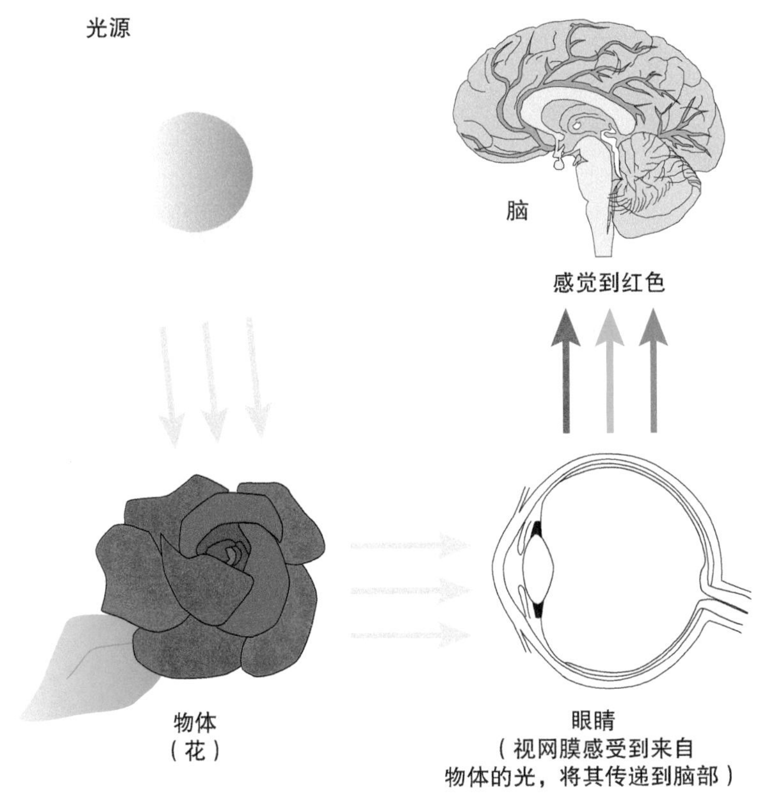

图20-1　认识颜色的过程。包含物理过程、生理过程、心理过程的复杂过程

第 2 章

星体的颜色和光

仔细观察群星璀璨的夜空，就会发现有很多的颜色。这是为什么？在第2章中，我将会对地球、太阳系、银河系的星体发出的光线与光谱的关系等进行说明。

1. 电磁波和光谱

我们将运送收音机信号的电波以及透视身体的X射线等称为“电磁波”（electromagnetic wave）。我们身边最常见的可见光，也是电磁波的一种。

光（电磁波）在具有波的性质的同时，也具有粒子的性质。因此，我们在把作为波的光称为电磁波的同时，也把作为粒子的光称为光子。

在电磁波光谱中，按照能量高低的顺序，依次为γ射线、X射线、紫外线、可见光线、红外线、电波。1885年，德国的物理学家伦琴在“阴极射线管”（真空管）的实验中，发现放在旁边的“荧光纸”（涂有四氰基铂酸钡的纸）闪着绿光。随后伦琴发现，阴极射线（电子射线）照射下的阳极发出的强烈放射线是其原因。他用表示未知的X来命名这个不可思议的光线，也就是“X射线”（X-rays）。

紫外线是在1801年由德国电化学家里特在氯化银的发光现象中发现的。紫外线无法用眼睛看到，但会成为晒伤皮肤等化学作用的原因，因此也被称为化学射线。

红外线是在1800年由英国天文学家赫歇尔发现的。红外线是人眼看不到的，它从发热的物体放射出来，可作为热射线被感觉到。在农业、工业、医疗、家庭、通信、资源探查、气象观测等的各领域中，红外线被广泛利用。

电波是在1864年由英国物理学家麦克斯韦在理论上预言的，并在1888年由德国物理学家赫兹通过实验证实。现在，无论是收音机、电视、手机、GPS等的通信还是微波炉等，各种波长的电波在我们的日常生活中被广泛使用。

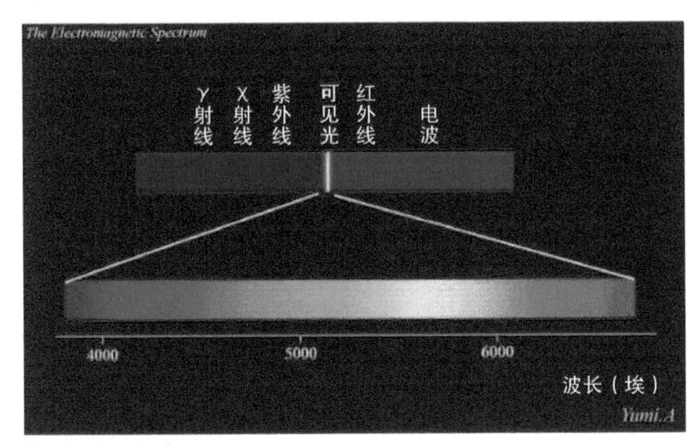

图1-1 电磁波光谱（选自栗野谕美等《宇宙光谱博物馆》）

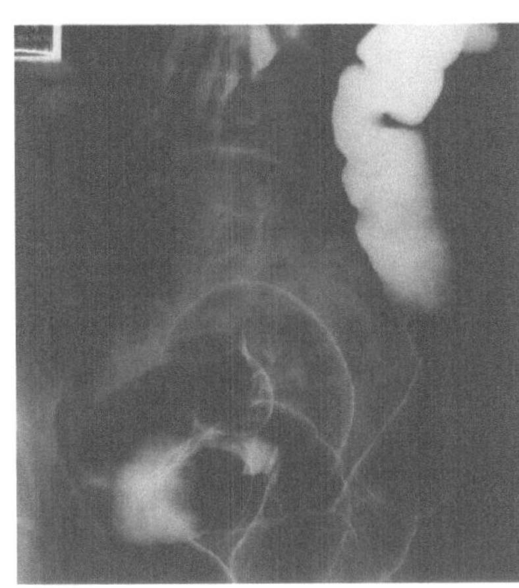

图1-2 X射线照片。可看到肠子（选自栗野谕美等《宇宙光谱博物馆》）

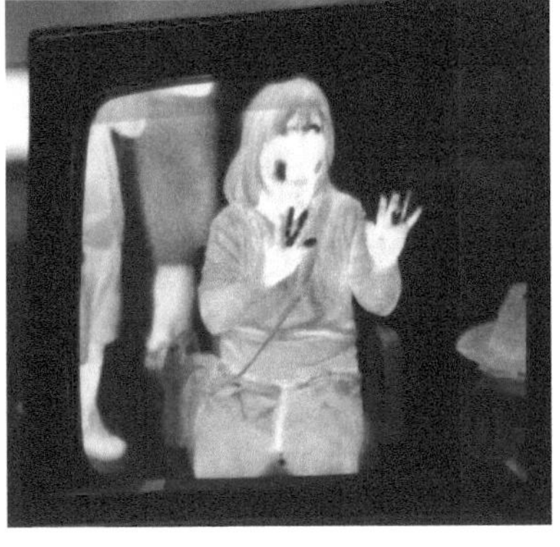

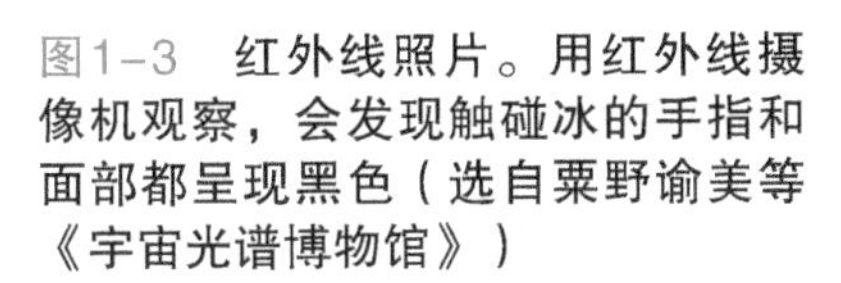

图1-3 红外线照片。用红外线摄像机观察，会发现触碰冰的手指和面部都呈现黑色（选自栗野谕美等《宇宙光谱博物馆》）

2. 可见光和大气之窗

众所周知，可见光是眼睛能看到的光。我们将电磁波中眼睛能看到的光，称为“可见光”（visual light）或可见光线。我们日常中所说的光，通常是说眼睛能看到的光，也就是指可见光。

可见光是电磁波的一种，波长为380nm至780nm。在太阳放射出的电磁波中，可见光的成分最强，并且地球的大气对可见光是透明的，因此地球生物也进化成了能感觉到可见光区域的电磁波的状态。

宇宙的天体传给我们各种种类的电磁波。到达地球的电磁波中，大部分在通过地球大气层时被吸收，只有非常微小的一部分波长区域的电磁波会到达地面上。例如，波长大的电波会被电离层反射到宇宙空间，但1mm至10m波长的电波则几乎不被大气吸收，可以穿过大气层。相当一部分1μm至约1mm的近红外线至微波区域的电磁波，被大气层上层的水蒸气和二氧化碳分子吸收。但是，对于波长为300nm至1000nm的可见光和其附近波长的电磁波，大气基本是透明的。因此我们可以用自己的眼睛看到地球的外侧，也就是宇宙中的天体。紫外线被臭氧层等大气中的分子吸收，X射线被大气中的原子，γ 射线被大气中的分子的原子核吸收。

我们把从地面上能观测到的宇宙的电磁波区域，称为“大气之窗”。正如之前介绍的，大气之窗中有比较宽广的波长为1mm至30m的“电波之窗”，也有波长从300nm到1000nm的

“光之窗”。自从伽利略在1609年开始使用望远镜进行观测以来，光之窗就一直在被使用。但开始使用电波之窗，还是从第二次世界大战之后，电波天文学兴起以来的事。

图2-1　升起的太阳。在我们的眼中是白色的

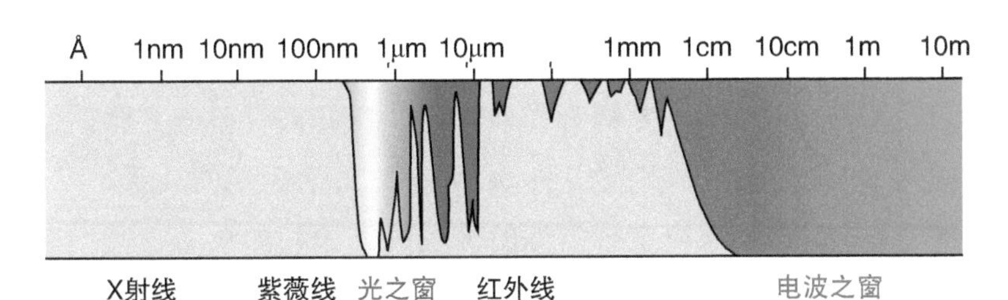

图2-2　大气之窗（选自粟野谕美等《宇宙光谱博物馆》）。横轴是光的波长，纵轴是光的透过率

3. 连续光谱

让光线通过棱镜，则可看到漂亮的彩虹色。将光的强度作为波长（或频率、能量）的函数表示出来，这就是光谱。其中，被分光的光的强度按照波长平滑分布的光谱被称为“连续光谱”（continuous spectrum）。

在我们的周围，有很多与光谱相关的现象，比如彩虹、蓝天和晚霞等，但其原理开始被理解还是17世纪之后的事。1666年，牛顿偶然发现了从窗户的缝隙中射进来的太阳光会分成七种颜色，这好像“鬼怪”（specter）一样，因此将其命名为光谱（spectrum）。之后，使用玻璃棱镜进行的光的实验，使光的性质变得明确了。

光谱和发出光线的物体的温度是有很深刻的关系的。例如白炽灯泡是在通过电流时灯丝被加热而发光的。白炽灯泡上施加的电压越高，则光线越亮，这是因为灯丝温度不同。也就是说，白炽灯泡的灯丝的电阻基本是一定的，电压低时流过的电流小，灯丝的加热（焦耳加热）程度也少，因此灯丝的温度不会很高，发出红色的光。电压变高则流过的电流变大，灯丝的加热程度也变大，逐渐发出蓝光。

将白炽灯泡的光分解为光谱，则电压升高时蓝光变强。像这样，物体的温度与其发出的光的成分之间有密切的关系。

除了太阳，在夜空中闪烁的恒星的光谱，如果忽视其细微结构，也基本上是连续光谱。

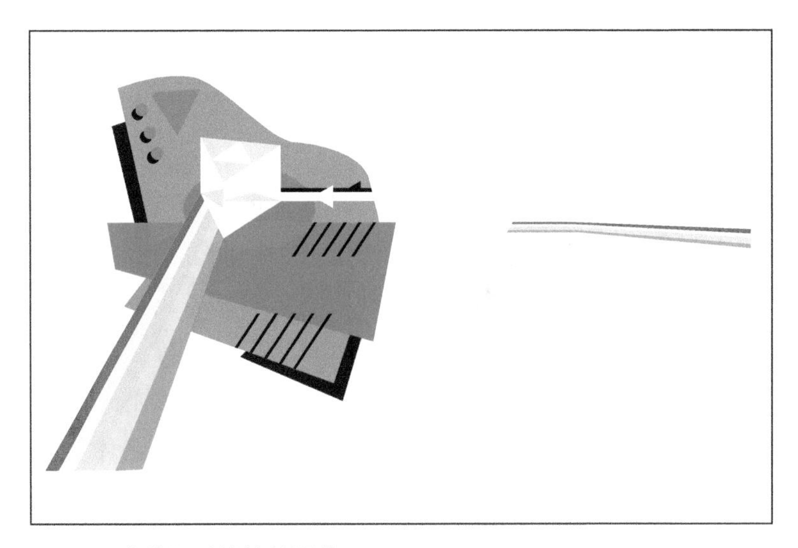

图3-1　光线通过棱镜的图片

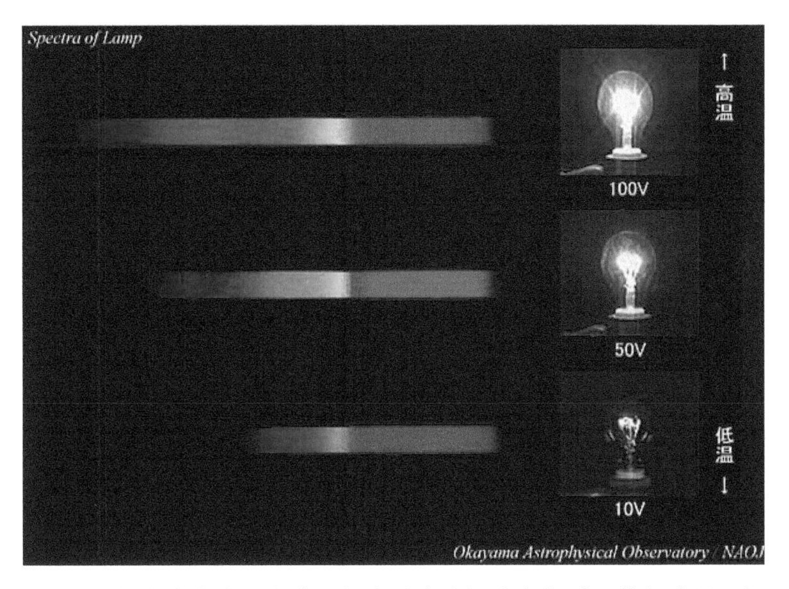

图3-2　灯泡的亮度和光谱。灯泡越亮（温度高）时，蓝色越强；灯泡越暗（温度低）时，红色越强（选自粟野谕美等《宇宙光谱博物馆》）

4. 光的颜色和温度的关系

仰望夜空中闪烁的星星，就会发现有很多种颜色的星星。例如观察猎户座的星星，会发现α星（参宿四）呈橙色，旁边的γ（参宿五）星呈蓝白色。此外，右下方的β星（参宿七）呈白色。

星体颜色有差异，是因为每个星体的表面温度不同。从灯泡的例子（参考第2章第3节）可以想象到，低温的星体主要发出红色或橙色的光，所以看起来是红色的。反过来，高温的星体发出较强的绿色、蓝色或紫色的光，所以看起来是白色或蓝白色的。

星体颜色的差异与星体的光谱类型有着密切的关系。猎户座中明亮的星体，除了参宿四外，都是B型星或O型星，显现出蓝白色。参宿四是M型星。星体的颜色是红色还是黄色或蓝白色，是由星体的连续光谱的形状决定的。蓝光（短波长）、红光（长波长）的成分强时，也就是低温的星体看起来是红色或黄色，反过来高温星体会呈蓝色或蓝白色。

星体的连续光谱的形状，被称为“黑体辐射光谱”（blackbody spectrum），因为二者的光谱是基本近似的。如果黑体辐射发出的放射能与观测到的连续光谱的放射能相同，则此时黑体辐射的温度（大体上讲是最符合星体光谱的黑体辐射的温度）被称为星体的“有效温度”（effective temperature）。

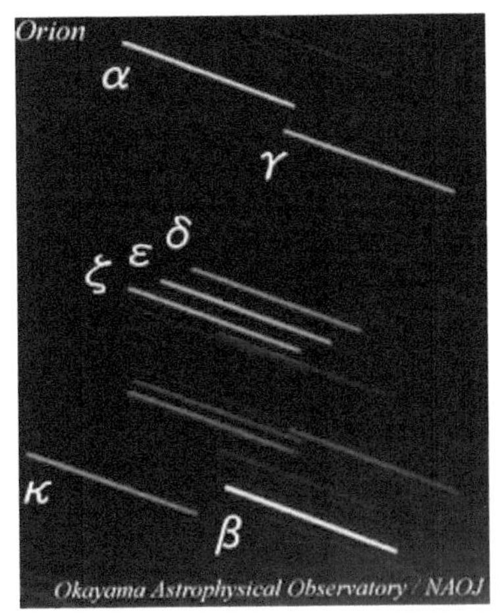

图4-1　猎户座星体的颜色。α星（参宿四）是红色的，β星（参宿五）是白色的。（选自粟野谕美等《宇宙光谱博物馆》）

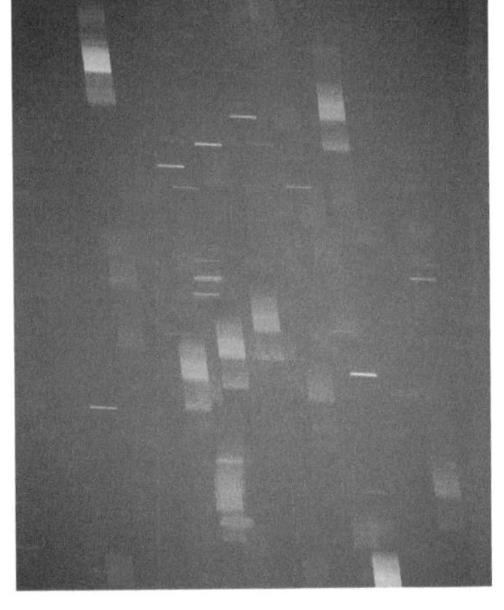

图4-2　用特殊方法拍摄的猎户座的每个星体的光谱。可见参宿四（左上）呈强烈的红色。（照片提供：大西浩次）

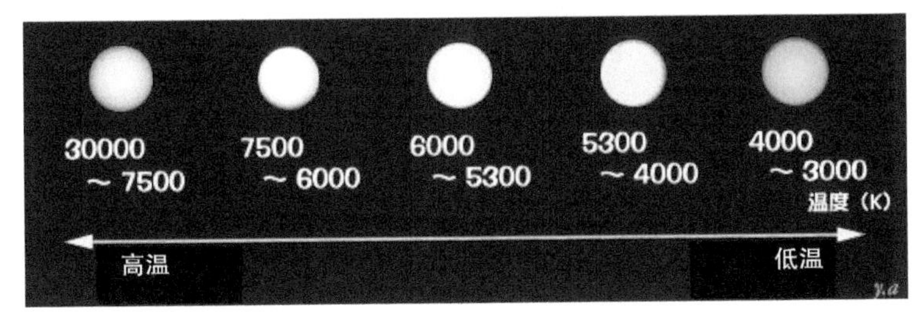

图4-3　星体的颜色和温度的关系（选自粟野谕美等《宇宙光谱博物馆》）

5. 明线和吸收线

透过棱镜等观察荧光灯的光，会在七彩的光带中看到非常耀眼的线。这是荧光灯中含有的水银元素发出的特有的光。另外，仔细观察太阳的光谱，则会看到很多的暗线。这种在特定的地方看到的线被称为“**线状光谱**”（line spectrum）。

例如，将白炽灯泡的光直接用棱镜分解，就会形成连续光谱。如在灯泡和棱镜之间燃烧金属钠，光谱中则会产生暗线。这是因为钠原子吸收灯泡的光中的特定波长的光，因此这些线被称为吸收线或暗线。此外，如果只观察钠燃烧发出的光，则会看到和吸收线相同波长的光。这是由钠原子放出与吸收线相同波长的光造成的，这种线被称为“明线”。

元素不同，线状光谱的可视位置（波长）也不同。此外，温度也会引起强度的变化。因此，根据线状光谱的可视位置和强度，就可以知道光源中有什么样的元素，也能知道其温度是多少。

在天体发出的光中能看到很多的线状光谱。太阳的光谱中能看到的吸收线，是以发现者的名字命名的，即“弗劳恩霍夫射线”。

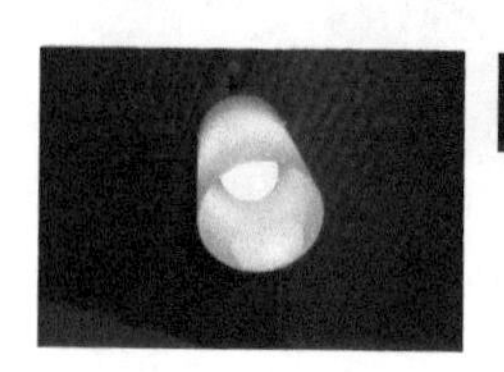

图5-1　灯泡及其光谱（选自粟野谕美等《宇宙光谱博物馆》）

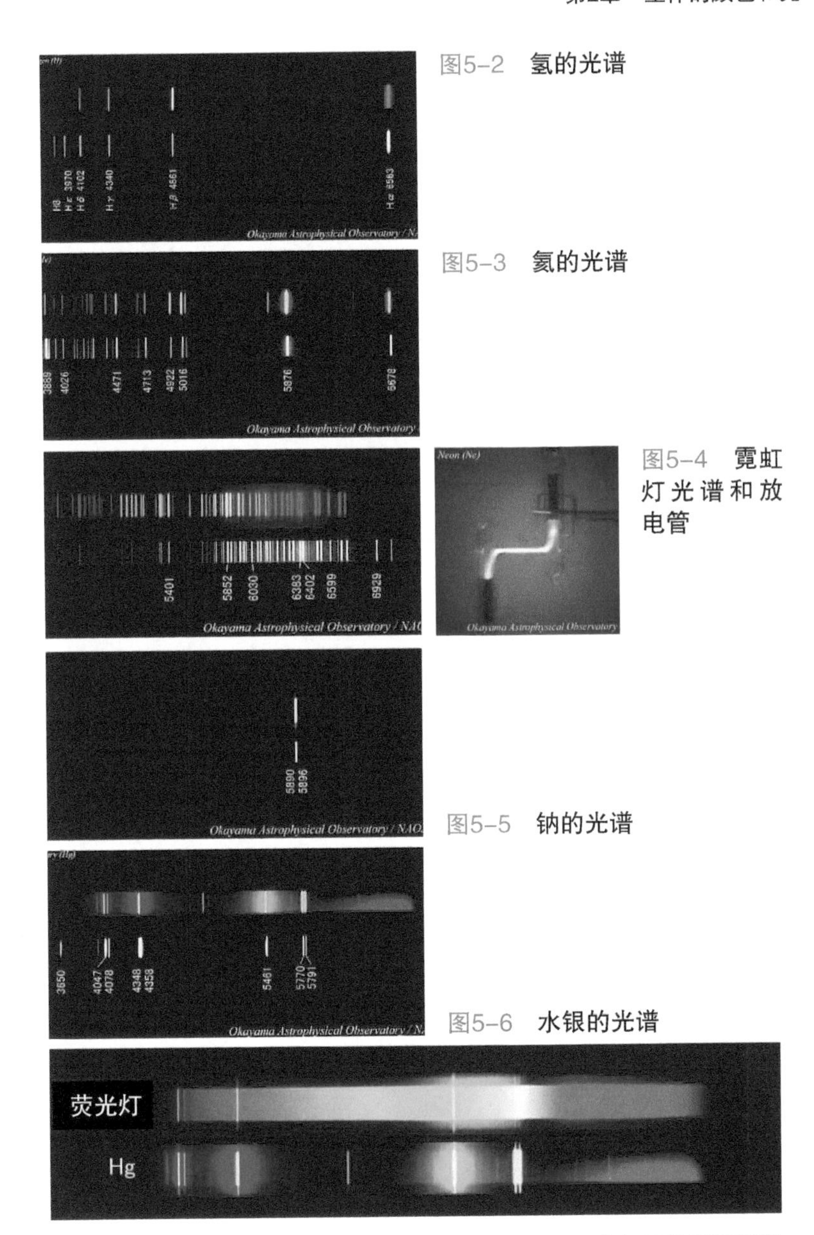

图5–2　氢的光谱

图5–3　氦的光谱

图5–4　霓虹灯光谱和放电管

图5–5　钠的光谱

图5–6　水银的光谱

图5–7　荧光灯的光谱（上）和水银的光谱（下）。可在相同位置看到明线（选自冈山天体物理观测所&粟野谕美等著的《宇宙光谱博物馆》）

6. 原子光谱

各种元素在因加热成为气态时会吸收或放出特定波长的光。例如，钠会吸收和放出被称为D线的黄色光线。吸收或放出的光线的波长（频率）根据元素不同而不同，因而各自的元素显现出固有的线状光谱图案。利用这个性质，可从将天体的光分解为光谱时出现的线状光谱特征，分析出有什么样的元素存在。这是1859年，德国的基尔霍夫和本生确立的被称为“光谱分析法”的构想。此外，这样的各种元素的光谱被称为“**原子光谱**”。

利用原子光谱的特征，就能制作出“明亮的火焰”和“影子”。例如，让我们从酒精灯火焰的影子来直接观察一下钠元素的吸收。

首先，单纯使用白炽灯将酒精灯的火焰映在屏幕上时，屏幕是白色的。接下来用发黄色光线的钠灯照射时，整体为黄色。但是，在使用钠灯照射的同时，在酒精灯的火焰中放入食盐，则可以看到火焰的“影子”。

在最后一个试验中，火焰中含有食盐（氯化钠）蒸发产生的钠，因此钠灯发出的黄色光，被火焰中的钠吸收，火焰方向上的光量减少，就出现影子。这就证明了钠元素放出和吸收相同波长的光的性质。

利用物质的这个性质对天体光谱进行研究，可对那里存在的元素进行鉴定。例如，天体显示氢气特征性图案的光谱线（吸收线或明线）时，则可确定天体中存在氢。多个原子结合形成的分子也会发生同样的现象。

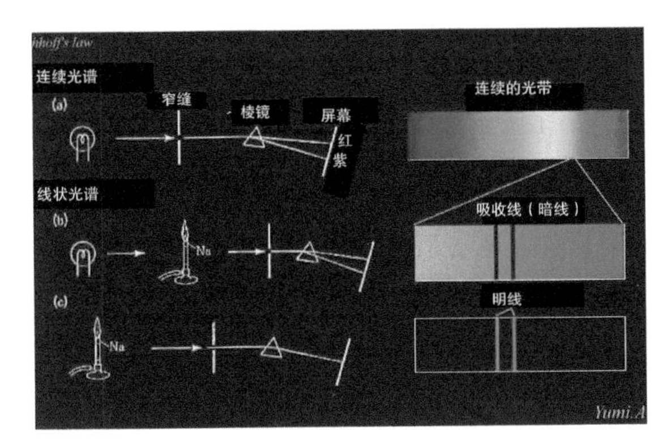

图6-1　基尔霍夫光谱定律

图6-2　用白炽灯照射酒精灯的火焰，并投射在屏幕上时，看不到火焰的影子

用钠灯照射酒精灯的火焰，并投射到屏幕上时，也没有火焰的影子

用钠灯照射酒精灯的火焰，向火焰中添加食盐，则影子会映射在屏幕上

7. 耀眼的灼热恒星——太阳

自古以来人们就把太阳作为信仰的对象，对太阳怀有敬畏之念。太阳每天从东边的地平线升起，到西边的地平线落下，可以说太阳主宰地球上所有生物的循环。

太阳和夜空中组成星座的星体一样，也是一颗恒星。太阳离我们只有光速8分钟的距离，因为太阳在离地球非常近的地方闪烁光辉，我们才能感觉到太阳强烈的光和热。

太阳的本质几乎是由氢气做成的巨大气体球。中心部发生由氢生成氦的核聚变反应，因此产生巨大的能量，使太阳发光。现在太阳的年龄约是46亿岁，如果用人来比喻，正值壮年，还正是工作的时候。

太阳的活动周期大约为11年。在活动期，人们会很频繁地看到像人类的黑斑一样的“太阳黑子”（sunspot），以及在磁力线诱导下如烟一样升起的氢气云，被称为“日珥”（红焰）。

太阳黑子是因与周围相比温度较低而显现黑色，但其磁场非常强，活动非常活跃。在这里，能看到突然发光的爆炸现象“耀斑”（flare）。有大的耀斑发生时，会刮起含有大量能量粒子的太阳风，太阳风到达地球时，有时会出现电磁暴和极光。

2006年9月开始向太阳飞去的太阳探测卫星“HINODE”（“日出”号，由日、英、美联合研制，并由日本发射），现在正在拍摄太阳的剧烈活动的样子，并将照片传送给地球。

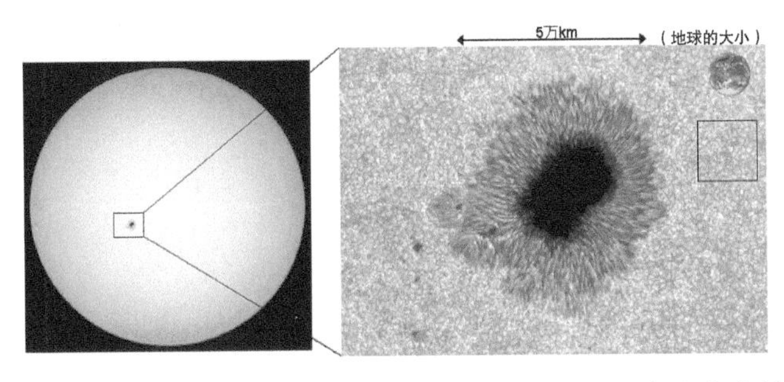

图7-1　太阳黑子（照片由HINODE卫星提供）。看起来非常小的黑点实际上也比地球大

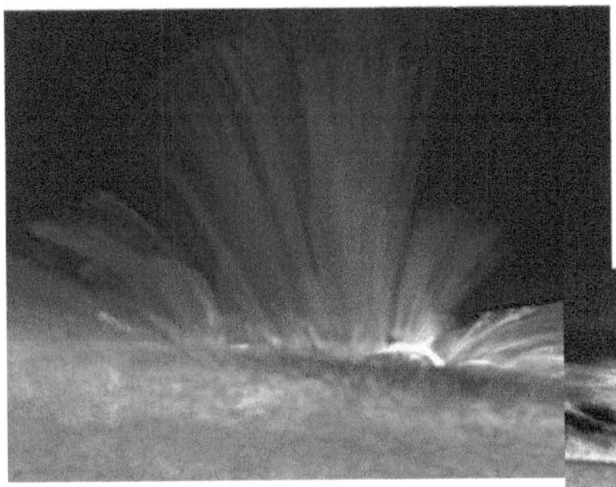

图7-2　剧烈活动的太阳表面（照片由HINODE卫星提供）

图7-3　HINODE卫星发现了对日冕加热产生重要作用的Alpen波

图7-4　HINODE卫星初次确定了太阳风之源。关注着太阳风的加速机制

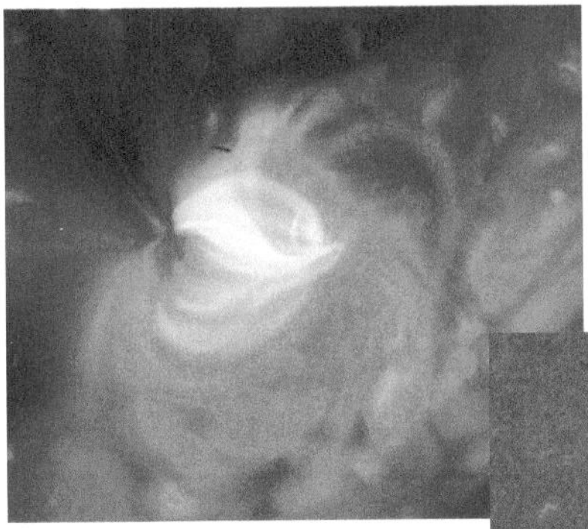

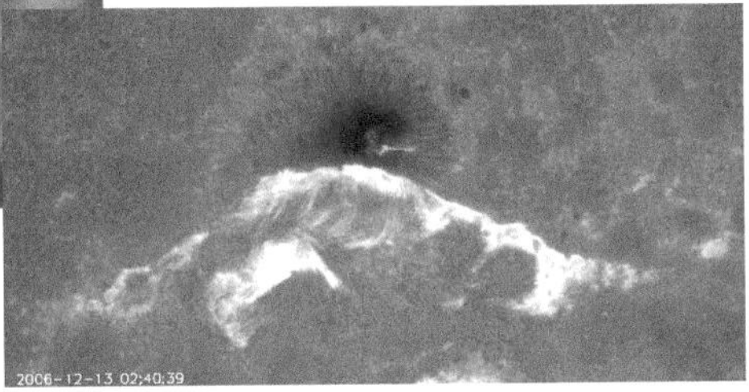

图7-5　HINODE的可见光磁场望远镜（SOT）拍摄的耀斑图像

8. 蓝色奇迹行星——地球

地球是太阳系中唯一有大量液体水存在的行星。海洋占地球表面积的70%，被称为“水的行星”。据我们所知，地球是宇宙中唯一存在生命的行星。在地球的表面，有大气层和水圈、生命圈，内部分为地壳、地幔、金属核。

地球上生命的祖先都是从海洋中诞生的。在宇宙中适合生命诞生的环境，也就是液体水能存在的区域，被称为“**宜居带/生命生存可能区域**”（habitable zone）。为了使行星中存在液体水，从太阳这颗恒星到行星的距离是很重要的。与地球很相似的金星和火星，因为与太阳的距离同地球相比存在微妙差异，而使气温过高或过低。在现在的太阳系中，只有地球被认为处于这个区域中。

宜居带的位置，会根据母星的重量而发生变化。例如比太阳更重的星会散发出大量的能量，因此会在比地球稍远的位置存在这个区域。宜居带的存在，在最近的观察中并不稀少。实际上，近年来陆续被发现的系外行星中，也有与地球一样的可能具有液体海洋的星球。

为了在地球上存续生命，液体水是必不可少的。但是这样的条件，是不是对可能在宇宙某处存在的生命都适用呢？地球的存在是个奇迹还是必然呢？宇宙很宽广，有很多人类不知道的事，我们的地球就存在于这样的宇宙中。

图8－1　地球（照片提供：NASA）

图8–2　GRIESE581系的想象图。在红色母星的周围有三个行星环绕，分别是GRIESE681b、GRIESE581c、GRIESE581d。GRIESE581c和GRIESE581d的重量是地球的数倍，也许会存在宜居带（照片提供：NASA/ESO）

图8–3　GRIESE581c的想象图（http://www.astronomy.themoon.co.uk/images/spaceart/gliese581c.jpg）。上面真的有“海洋”存在吗?

9. 灰色的荒凉世界——月球

有时是风雅的，有时是神秘的，能够带给我们快乐的魅力星球就是月球。月球的周期影响着地球上很多生物的活动，看似是我们最熟悉的天体，但实际上月球充满了谜。

月球是地球唯一的卫星，其大小是地球的四分之一，在太阳系中也是非常大的。月球的公转周期和自转周期相同，因此在地球上总是看到月球的正面。月球探测器的数据显示，实际上月球的正面和背面有很大不同。但是，为什么会有这样的不同，内部结构是什么以及是否有磁场的存在等，人们还不是很清楚。

其中讨论得特别多的问题是，月球是怎样形成的。

对于月球的形成，自古以来有三种学说。有月球是从地球分裂出来的这种“亲子分裂学说”，有从其他的地方诞生的月球被地球的重力所捕获的“捕获学说”，以及月球是在地球的旁边独立诞生的所谓“兄弟学说”。但是，从月球的成分和轨道来考虑，每个学说都有无法说明的地方，因此现在还没有哪一个学说是决定性的。

但是最近，“巨冲击”（giant impact）学说受到瞩目。这是新诞生的地球与火星大小的天体（原始行星）相撞，由其相撞的碎片集合形成了月球的学说。根据计算机模拟的结果，令人吃惊的是，月球居然仅在一个月中就形成了。从形成整体到安静下来，太阳系用了一千万年，月球却是在一瞬间形成的！

月球现在再次受到瞩目，为了揭示月球的起源和进化，JAXA（日本宇宙航空研究开发机构）发射的日本第一个大型月球探测器“KAGUYA”正在进行探测，给地球传回了漂亮的图像。相信很多人都为其拍摄到的月球的详细图像和地球升起的图像等感到惊奇。

图9-1　月　球

图9-2　整个地球升起。2008年4月6日（JST），HDTV拍摄的图像（照片提供：JAXA/NHK）

图9-3　根据KAGUYA的地形照相机观测的数据制作的Tycho Crater的立体图像（照片提供：JAXA/SELENE）

10. 类地行星（地球型行星）

太阳系的八颗行星按其特征分为“类地行星”（地球型行星）、“巨行星”（木星型行星）、“远日行星”（天王星型行星）三种。其中，“类地行星”是太阳外侧的离太阳近的水星、金星、地球、火星这四颗行星。这些是以地球为代表的、由金属和岩石形成的星球，大小也和地球差不多，具有相同的密度。并且会有几个卫星，或者没有。因此，也可被称为“固体行星”或“岩石行星”。

离太阳最近的水星，约88日绕太阳一周。由于离太阳距离近、离心率大、没有大气等，水星的昼夜温差非常大，白天会达到430℃，晚上会降到-170℃。另外，因为没有大气，所以水星与月球相似，被撞击坑（crater）覆盖。

金星是天空中最明亮的星星，自古以来在日本被称为“清晨之明星”或“黄昏之明星”。金星被主要由二氧化碳形成的浓厚大气层覆盖，因大气的温室效应，金星表面的温度会达到470℃。

我们的母亲——地球，是太阳系中唯一的有大量液体水存在的行星，并且是蓝色的行星。

火星因其红色耀眼的外表，自古以来被与战争和天变地异结合在一起，作为战争之星受到崇敬，与人们的生活紧密相关。我们看到的火星呈红色，是因为火星表面的大部分被含有氧化铁的红褐色的沙漠覆盖。另外，由于也能看到很多侵蚀地形等，因此基本可以肯定火星从前也是有水存在的。也许古代的火星也是类似于地球的、水量丰富的星球。

图10-1　水手10号拍摄的水星表面（照片提供：NASA）

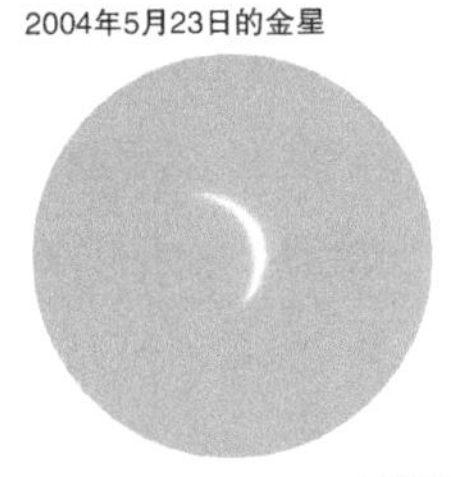

图10-2　金星在地球内侧环绕太阳，因此根据其所处位置可看到圆缺（提供：冈山天文博物馆）

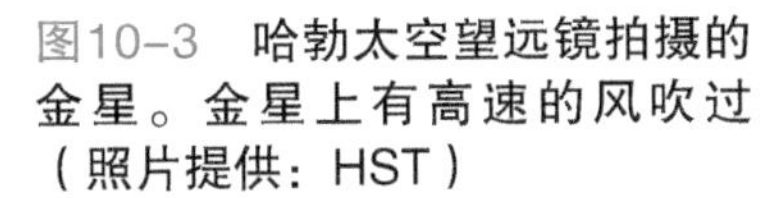

图10-3　哈勃太空望远镜拍摄的金星。金星上有高速的风吹过（照片提供：HST）

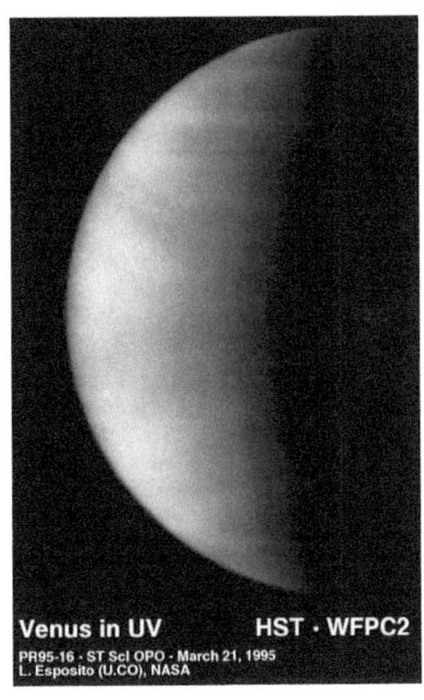

图10-4　2007年12月17日最接近地球时的火星（照片提供：HST）

11. 巨行星（木星型行星）

以木星和土星为代表的巨行星，其大小是地球的10倍左右，非常大，用小型望远镜也能看到其样子，是很有人气的行星。它们是由氢气和氦气等气体组成的，因此也被称为“气体巨行星”。此外，它们具有60个以上的卫星，也有光环。

木星是太阳系中最大的行星，其质量是太阳的1/1000，是地球的318倍。木星表面所呈现的褐色斑纹，被认为是大气中含有大量氨气等含氮化合物，以及周期仅10小时左右的高速自转造成的。此外，也有被称为大红斑的巨大的椭圆形漩涡形状，其直径约为2万千米，是地球的2倍。

木星有很多卫星，其中最大的四颗被称为“伽利略卫星”。木卫一有活火山，木卫二地表被冰覆盖且地下有冰的海洋，木卫三是太阳系最大的卫星，并且最近发现在木卫四的地下也许有液体海洋等，因此备受关注。

土星是仅次于木星的巨大行星，很多时候人们被其美丽的光环所吸引。与木星一样，土星也是气体形成的行星，平均密度比水小，1cm^{3}只有0.7g。作为土星标志的土星环的直径，是土星本身的2.26倍。土星环是1000个以上的细小的环的集合体，因其成分等的不同被分成A环至G环。这些乍一看是一张板子的样子，实际上却是不同大小的冰粒的集合。现在在土星上，卡西尼号探测器环绕在土星本身和土星环的周围，持续进行观测，并不断将漂亮的图像传回地球。

图11-1 木星（照片提供：HST）

图11-2 土星。在极部看到极光（照片提供：HST）

图11-3 卡西尼号探测器拍摄的土星背面（照片提供：NASA）

图11-4 卡西尼号探测器拍摄的各种各样的土星（照片提供：NASA）

12. 远日行星（天王星型行星）

天王星和海王星是远日行星。其大小是地球的数倍，内核为岩石，周围被水、冰和甲烷、氨气等气体覆盖。此外与巨行星一样，远日行星也拥有很多的卫星，也有光环。

与红褐色的木星和土星相比，天王星、海王星具有透明的蓝色，这是因为水和大气中含有的甲烷吸收掉了红光，只将蓝色的光线强烈反射出来。之前天王星和海王星也被归类为巨行星，但科学家研究这两个行星的气体同其中心部的比例，结果发现与木星和土星的成分有很大不同，所以最近开始被单独归类为“远日行星”。因为冰很多，也被称为“冰巨行星”。

天王星是人类能用望远镜看到的第一个行星。不像类地行星和巨行星，天王星无法用肉眼看到。用望远镜进行观察，就可以看到它浅蓝色的样子。有趣的是，这个行星的自转轴相对于黄道面倾斜98°，也就是说它基本是以倒着的状态自转的。此外磁场极也与自转轴呈60°倾斜，中心与行星中心偏离得很多。为什么会这样？这个问题也是今后的研究中令人瞩目的焦点。

海王星是美丽的蓝色星球。但用望远镜观察，则发现与天王星相比，海王星的云彩中有不均匀之处，可看到斑纹状图案和旋涡。海王星的磁场也和天王星一样，有巨大倾斜。磁场极与自转轴呈55°倾斜，使其中心与行星中心产生巨大偏移。难道这样的特征是远日行星共有的性质吗？

图12-1　可以看到天王星周围的环和卫星。此外，还可以看到天王星本身的云彩（小红圈）（照片提供：HST）

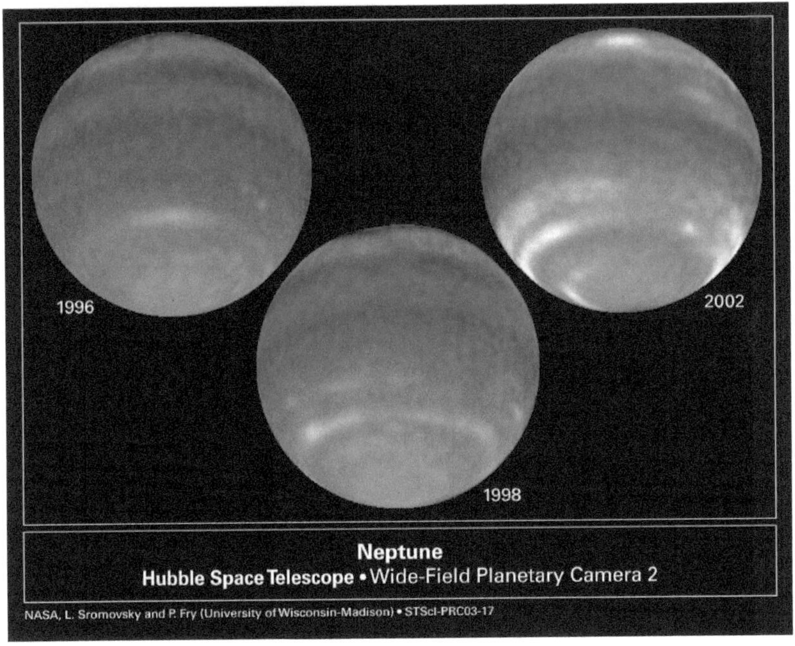

图12-2　海王星。季节变化时，明亮的部分增加。从哈勃太空望远镜和夏威夷莫纳克亚山的NASA近红外望远镜的观测中，可看到海王星中卷起了剧烈的风暴（照片提供：HST）

13. 冥王星和太阳系外缘的天体

2006年8月，新闻播报了冥王星已被从行星中除掉的消息。当然这不是说冥王星就不存在了，它还是存在于海王星外侧的。但是，因为这几十年的科学的进步，行星的特征也变得明确，新的天体陆续被发现，我们看到了新的太阳系的形态。因此，冥王星被定位成“矮行星”（dwarf planet）这个新的类型。

作为在太阳系最外侧环绕的行星——冥王星，在1930年被发现时，被认为是比地球大一些的星。随着观测的进展，发现其大小其实只是月球的三分之一，非常小，其轨道与其他的行星的轨道相比歪曲也是比较大的。

并且，科学家在近年的观察中发现，海王星的外侧其实有很多与冥王星类似的微小天体。因此，冥王星与行星的形成原因不同，是太阳系边缘中存在的无数微小天体的其中一员。这种解释开始被人们接受。之后，在2003年10月，人类终于发现了比冥王星大的天体“厄里斯”！

行星一直被认为是环绕太阳的大天体，这没有什么不妥，但这次发现了比冥王星更大的天体，因此需要重新进行科学的定义。其结果就是，冥王星被重新定义为“矮行星”。

冥王星和其周围的微小天体（太阳系外缘天体）距离地球很远，并且非常小，还存在很多谜。为了进一步探查，现在探测器新视野号正奔向冥王星。预计会在2015年左右到达。

图13-1　冥王星及其卫星卡隆（照片提供：HST）

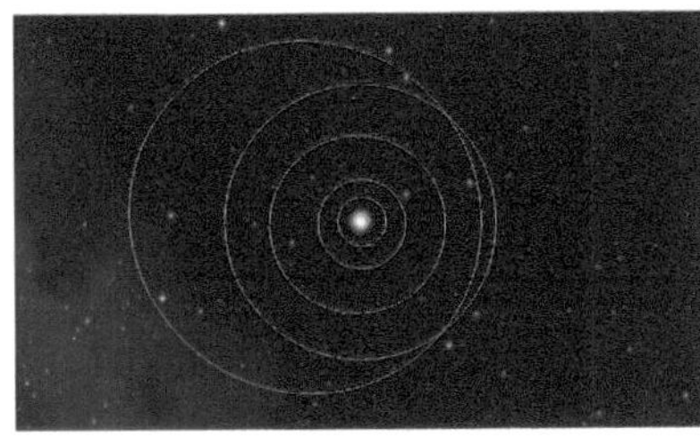

图13-2　从侧面看到的行星轨道图（左）和从上面看到的图（右）。最外侧的冥王星的轨道与其他行星相比有很大歪曲

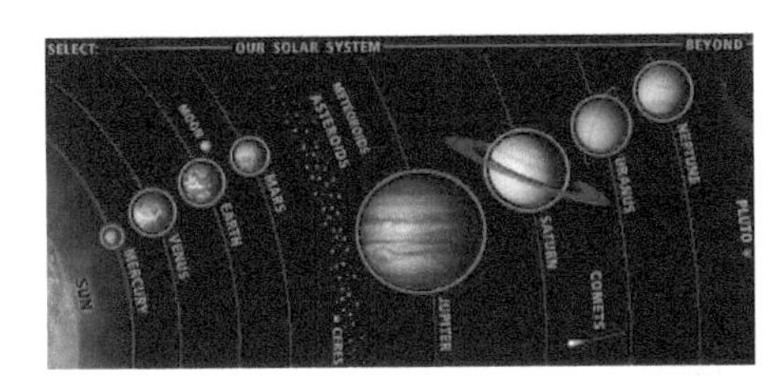

图13-3　太阳系的各种天体（照片提供：NASA）

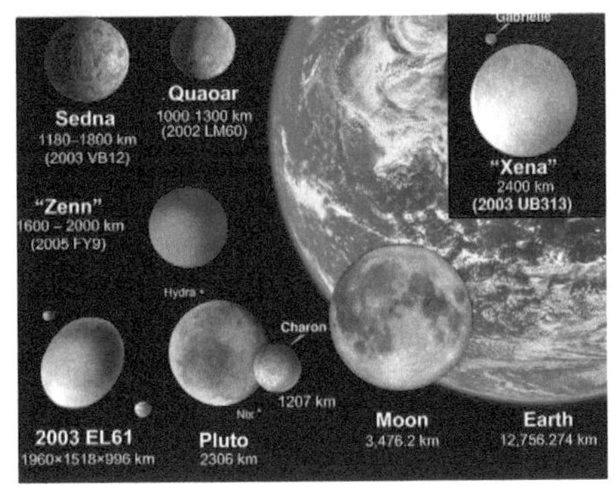

14. 宇宙的旅行者——彗星

“彗星”（comet）也是太阳系的天体，在某一天会突然从太阳系的边缘飞来，在太阳附近展开壮观的天体演出，然后再次飞向宇宙的远方。但是，对古代的人们来说，突然出现的彗星是不祥之兆，是可怕的天体。认识到彗星的实质还是18世纪中期的事。从牛顿那里听说了万有引力定律的英国天文学家爱德蒙·哈雷调查了以往的数据，预见了彗星（今日所说的“哈雷彗星”）会每隔76年飞来一次。正如他预测的，在哈雷去世后，哈雷彗星再一次来到了地球附近。

这样人们知道了彗星是从太阳系的边缘周期性地飞来的天体。彗星中有定期接近太阳的彗星，也有出现一次就不会再出现，而消失在太阳系边缘的黑暗中的天体。

典型的彗星直径为10千米左右，质量是10^{17}g左右，主体是由混有固体粒子的水、甲烷、氨气、二氧化碳等的冰组成的块状物。因此彗星的俗称是“脏雪球”。

很多彗星在靠近太阳的时候会有很长的尾巴。其形态类似于竹扫把，因此被称之为扫把星。彗星的尾巴，是因为彗星靠近太阳时冰升华为气体并呈云状散开的缘故。气体被太阳风吹散，因此彗星的尾巴总是向与太阳相反的方向延伸。

图14-1　麦克诺特（McNaught）彗星（照片提供：Gemini天文台）

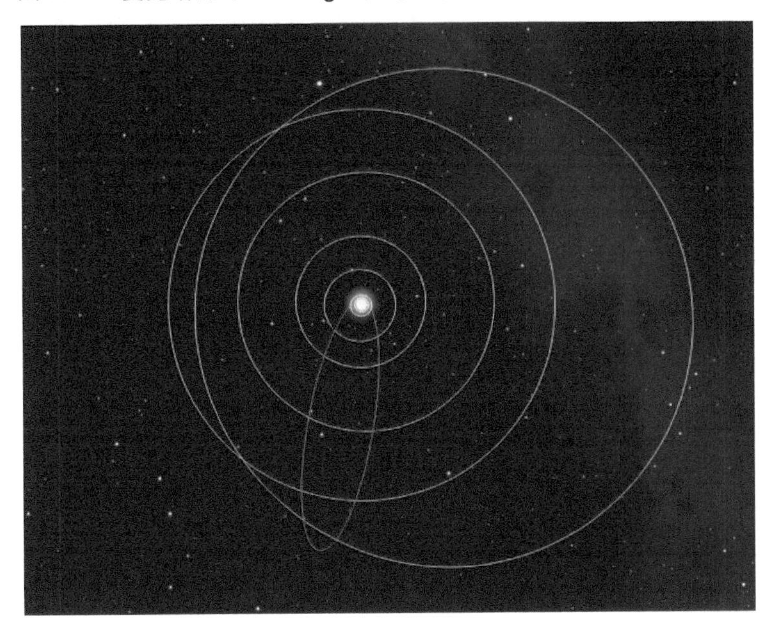

图14-2　彗星的轨道。红色的椭圆是哈雷彗星的轨道。与行星的轨道不同，彗星的轨道是椭圆形的

15. 流　星

仰望夜空，偶尔会看到明亮的光迹。这就是“流星”（meter）。流星是起源于彗星、小行星或星际尘埃等的天然尘埃（dust），它们以每秒几十千米的高速从空间飞来并撞击地球，进入地球大气圈时与地球大气摩擦而产生发光现象。发光高度是约100千米的电离层，尘埃的大小通常是数毫米至数厘米，最小是0.1mm，其质量也就是1μg左右，是非常小的。

流星中有宇宙空间中的尘埃偶尔飞到地球上的散在流星，也有从彗星等的同一母天体中放出的很多尘埃形成的群流星。彗星接近太阳时，蒸发而放出大量尘埃。当地球经过该彗星放出的尘埃形成的测尘管（dust tube）中时，尘埃粒子集团飞入地球大气中，因此可看到很多的流星。这就是流星雨。

1999年，就好像下雨一样，夜空中不停地飞落流星，这就是“狮子座流星群”，真称得上是世纪性的壮丽的大型天文演出。狮子座流星群的母天体，是每隔33.2年接近太阳（回归）的坦普尔塔特尔彗星（55P/Tempel-Tuttle）。表面上看起来，流星是从狮子座的一角（放射点）像下雨一样飞出的，因此称为狮子座流星雨。狮子座流星群每年11月中旬都会出现，但在母天体回归的前后几年中，宇宙空间中散落的尘埃很多。其结果就是，出现的流星比历年多出很多倍，因此会产生被称为“流星雨”或“流星风暴”等的华丽景象。在流星划过天空之后，有时会看到数秒钟的绿色残光，被称为“流星余迹”。

图15-1　狮子座流星雨的图像（照片提供：京都青少年科学中心本部勋）

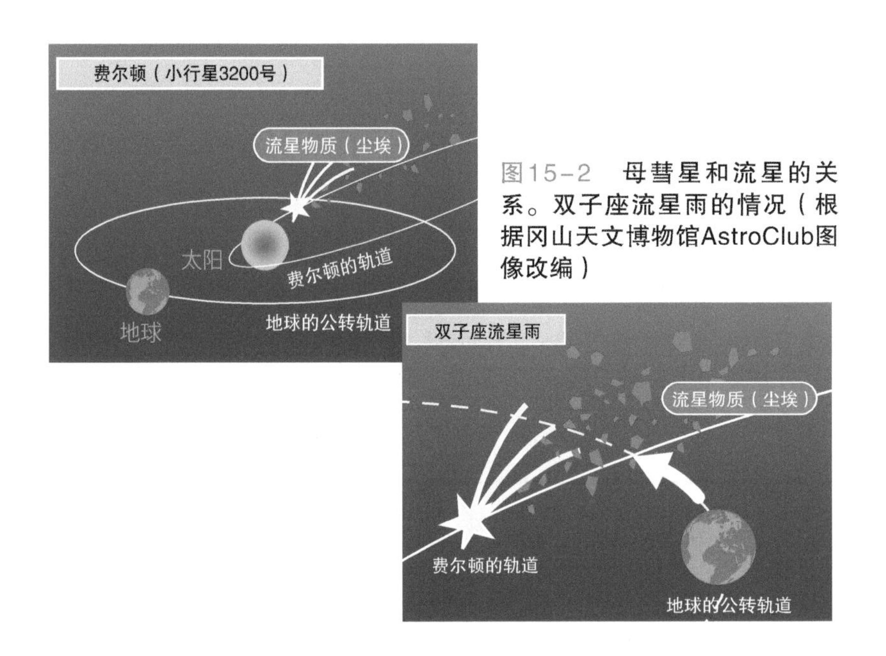

图15-2　母彗星和流星的关系。双子座流星雨的情况（根据冈山天文博物馆AstroClub图像改编）

16. 星的亮度和星等

夜空中有明亮的星星也有黑暗的星星。为了表示这些星星的亮度，使用的是“星等”（magnitude）这个概念。

在公元前2世纪左右，希腊的喜帕恰斯将肉眼能看到的最亮的星作为一等星，将最暗的星作为六等星，将星体的亮度分为6个等级，我们将这种星等称为“视星等”。这个星等是根据人眼的感觉而确定的，并不是等级差相等的等差级数的性质，而是等级比相等的等比级数的性质。在这里，为了与星体的明亮程度对应，现在是用每差1个等级亮度就差2.512倍、差5等级亮度就是差100倍，将星等和明亮程度关联起来。例如，将6等星的星体比作1个小灯泡的亮度，则5等星就是2.5个小灯泡的亮度，3等星就是15.6个小灯泡的亮度，1等星就是100个小灯泡的亮度。

在这里，观察晚上的路灯，我们就可以看出，即使原来（真正的）亮度相同的光源，从远处看就会较暗，从近处看起来则较亮。实际上，太阳的视星等约是–27等，与夜空中的星体相比是格外明亮的。这是因为我们离太阳较近，离其他的恒星较远的关系。也就是说，视星等是依赖于距离的，依照视星等，是无法对天体本来的亮度进行比较的。

如果要对天体本来的亮度，也就是天体放射出的能量做对比，则需要去掉距离的影响。换句话说，对所有天体的与地球距离相同时的明亮程度进行比较即可。这就需要用到“绝对星等”（absolute magnitude）。所谓绝对星等，是假设将天体放到距离地球10秒差距（32.6光年）距离的位置时测得的亮度。

例如，视星等是−26.7等的太阳的绝对星等是4.8等，可见太阳与其他恒星相比也不是特别亮的星，不过是比较普通的恒星而已。

图16–1　**大犬座和猎手座（照片提供：藤井旭）**

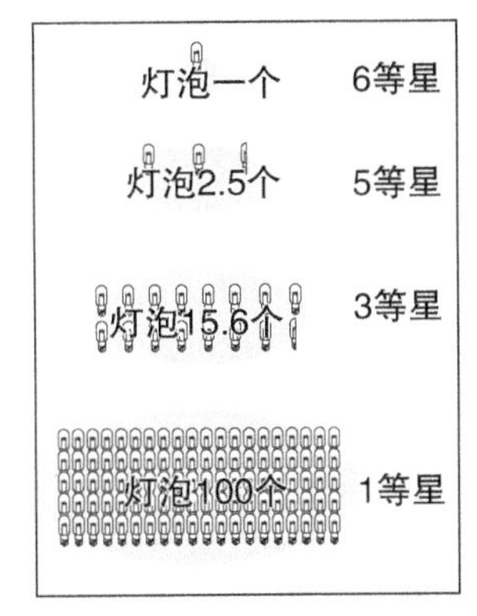

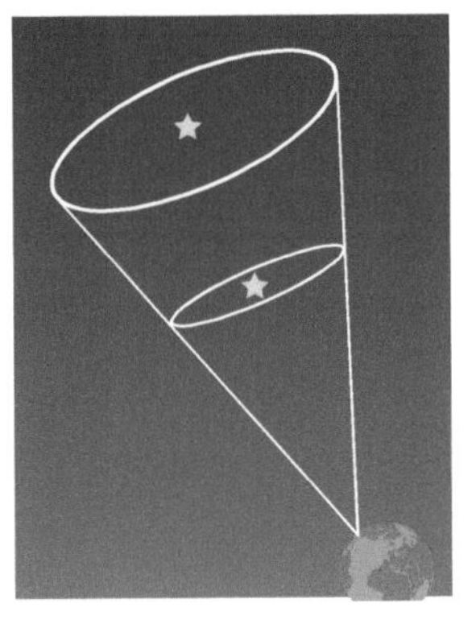

图16–2　**星的明亮程度和星等**

图16–3　**视星等**

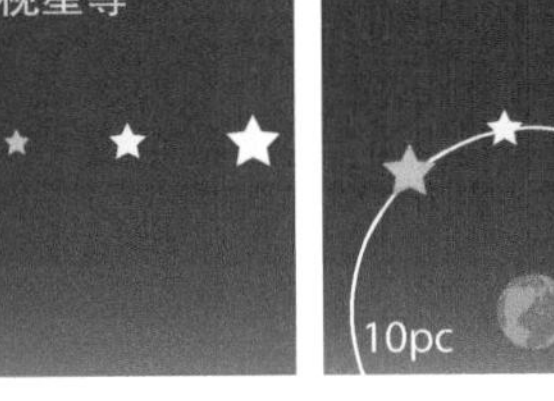

图16–4　**绝对星等**

17. 星体的颜色和温度

在宫泽贤治的作品《银河铁道之夜》中出现过银河天鹅座β。天鹅座β是美丽的聚星，大家是否都看过它们的样子呢？它们是在天鹅座嘴边的位置，用望远镜看，则可看到橙色的3等星和蓝色的5等星共两颗星稍分开地排列着，角度是34″。它们的样子非常可爱，让人想一直这样看下去。

如前所述，星体颜色不同，是因为星体表面的温度不同。低温的星体主要放出红色和橙色的光，因此看起来发红。高温的星体发出相对较强的绿色、蓝色或紫色的光，因此看起来发白或发蓝。

看星体的光谱可一目了然。特别是绘制出以光的波长为横轴，以光的强度为纵轴的“光谱图”，就可看到定量化的差异。

具体来讲，让我们来比较一下天鹅座β的两颗星体的光谱。在天鹅座β的两颗星体中，橙色的星是天鹅星A、蓝色的星是天鹅星B。天鹅星A和天鹅星B会显示出明显不同的曲线。两颗星的光谱本身都是接近黑体辐射，但天鹅星A（βCygA）是表面温度为5000K左右的低温星，黑体辐射的峰在红色区域，可见光光谱中红波长的光较多。天鹅星B（βCygB）是表面温度为30000K的高温星，黑体辐射的峰在紫外线区域中。因此在可见光光谱中，从蓝色到红色的光强度变小，蓝色波长一侧的光强度较强。如此，光谱的分布反映了星体的颜色。

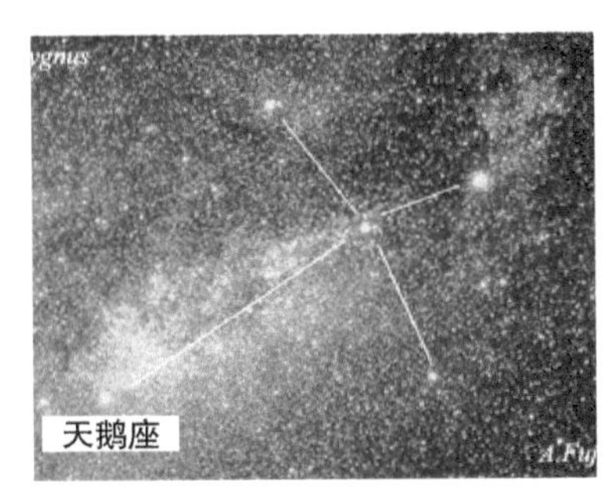

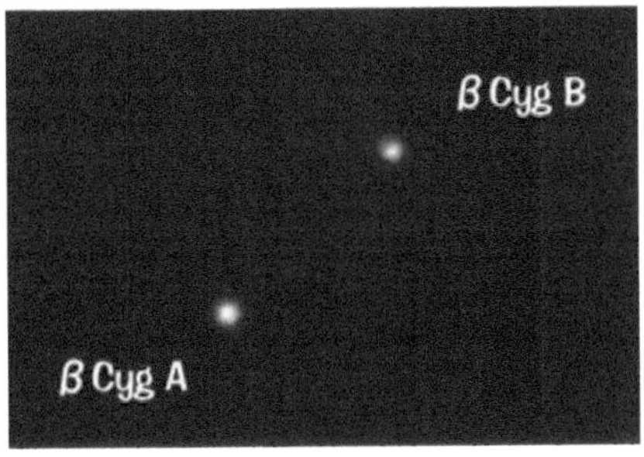

图17-1　天鹅座β星-天鹅星（照片提供：藤井旭、五百蔵雅之）

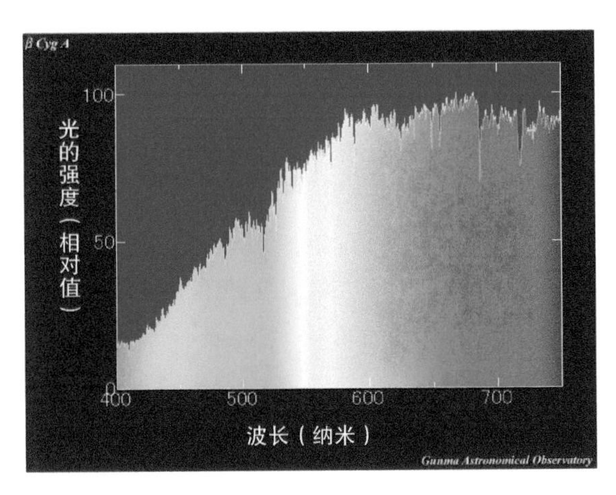

图17-2　天鹅星A的光谱。红光多。（选自粟野谕美等《宇宙光谱博物馆》）

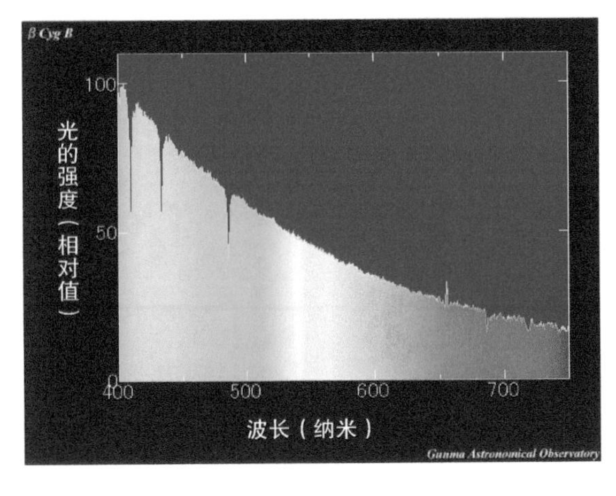

图17-3　天鹅星B的光谱。蓝光多。（选自粟野谕美等《宇宙光谱博物馆》）

18. 星的一生和光谱分类

星体的光谱是整体光滑连续的光谱，通过具体研究就会发现，由紫色到红色伸展的连续光谱上，有多种线光谱发生重合。从19世纪开始，人们就知道星体的光谱有很多种，但有组织的“光谱分类”（spectral classification）真正开始于20世纪之后。其先导是美国哈佛大学天文台的皮克林指导的研究小组。

他们主要将线状光谱的出现类型和星体光谱类型进行分类，并将对22万颗以上的星体的光谱进行分类的结果，制作成了亨利德雷伯星表（Henry Draper Catalogue），也被简称为HD星表。

这个分类法是基于星球的表面温度不同而进行的。因此，最开始将分类为ABC的星体按表面温度排列时，就变成了OBAFGMLT这个奇怪的顺序。现在除了这个光谱分类，还在使用加上了星体真正亮度（绝对星等）的光度阶段（I至V）的MK分类。

如果知道了星体的光谱类型，则可容易地知道其表面温度和星体大小等基本特征。这些会告诉我们星体现在处在什么阶段等重要信息。在宇宙中闪光的恒星，也和人一样，不是永远存在的。它们由星间的气体动态产生，经过核聚变反应在数十万年之间放出光辉，之后就会结束一生。在此期间，星的半径、亮度（绝对星等）、表面温度（光谱类型）等发生变化，造成内部温度分布和密度分布、化学组成等内部结构变化。星球从诞生到死亡的变化，称为“星体的演化”。

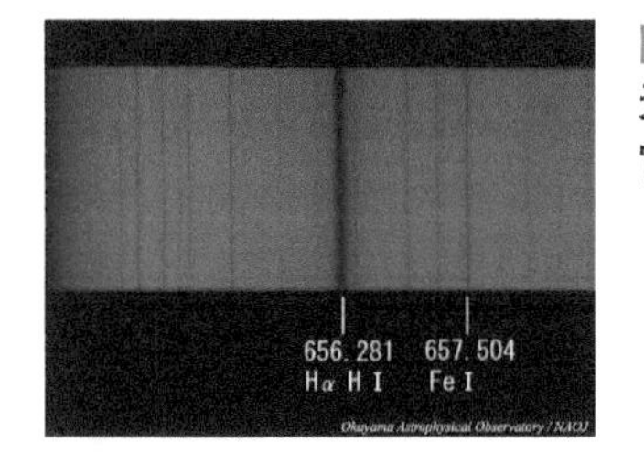

图18-1　太阳光谱的氢H-α线（选自冈山天体物理学观测所＆粟野谕美等所著《宇宙光谱博物馆》）

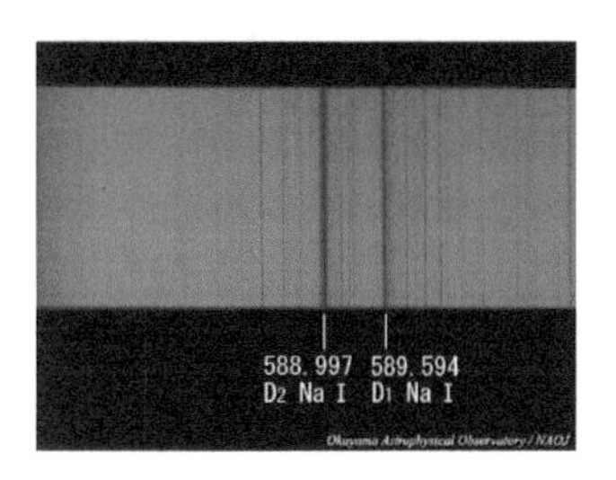

图18-2　太阳光谱的钠D线（选自冈山天体物理学观测所＆粟野谕美等所著《宇宙光谱博物馆》）

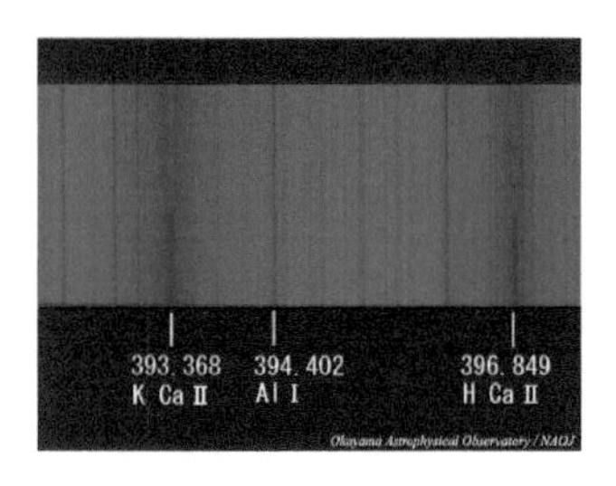

图18-3　太阳光谱的钙H、K线（选自冈山天体物理学观测所＆粟野谕美等所著《宇宙光谱博物馆》）

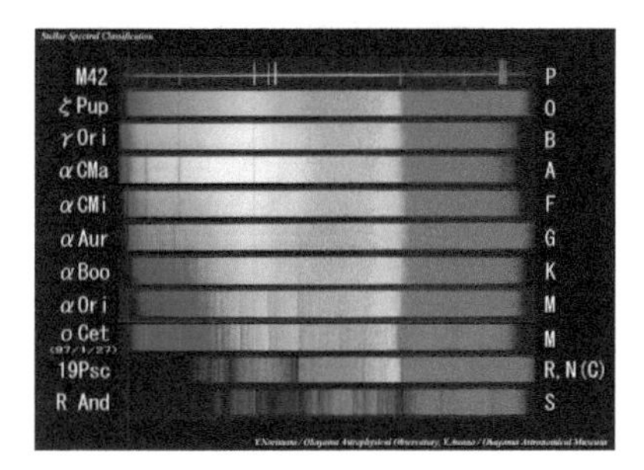

图18-4　恒星光谱分类（选自冈山天体物理学观测所＆粟野谕美等所著《宇宙光谱博物馆》）

图18-5　光谱系列的记忆方法（Oh！Be A Fine Girl.Kiss Me!）

19. 双星和聚星

夜空中的星星，看起来都像是一颗星在闪烁光辉。但用望远镜观察时，有些时候会发现有很多是由两个或三个或无数颗星星排列在一起的。其中有些星实际上不在附近，但看起来却是排列在一起的，这被称为“聚星”（double star）。此外，实际上相互围绕的星被称为“双星”（binay star）。

双星是以两个星体之间的共同重心为中心环绕的。共同重心是两颗星的重量相平衡的位置。也有多个双星因重力相互吸引、互相环绕的情况。例如，双子座的北河二是6颗星形成的3组双星，它们相互环绕而形成六重双星。这样的星称为多重双星。实际上一半以上的恒星都是双星或多重双星。

双星中有星体相互接近而相互影响的密近双星，以及互相远离而各自基本不受影响的远隔双星。根据两颗星的大小和距离，密近双星被分为不相接双星和相接双星。不相接双星的两个星球都很小，不贴在一起，但相互的重力使其相互吸引，星球本身变形成蛋型。相接双星是因为两个星球都很大而接触在一起的双星。星球表面的气体，与星的重力相比更容易受到强离心力，因此气体有时会从星体上流失。此外，一颗星大而一颗星小时，气体流向较小的星，成为半相接双星。因流过来的气体使得小星越来越大，有时会变成相接双星，也有引起超新星爆炸的情况。珀耳修斯星座的著名的变星“大陵五”就是半相接双星。

图19-1　双星的想象图（照片提供：NASA）

不相接

半相接

相接

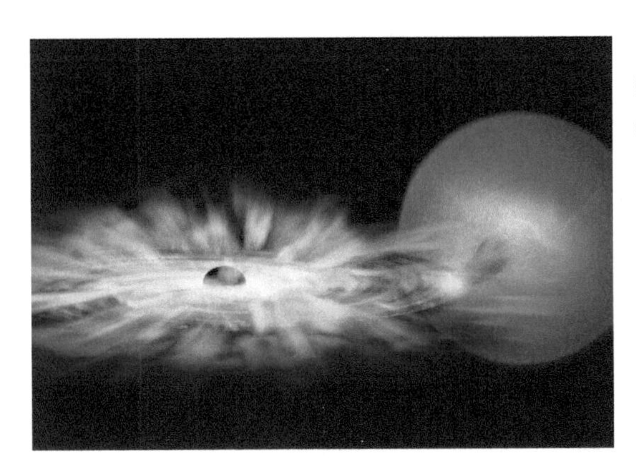

图19-2　密近双星的想象图。其中一个双星是黑洞等的情况（照片提供：NASA）

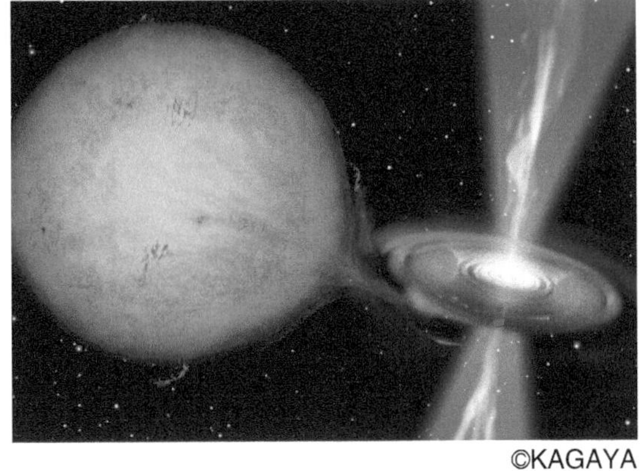

©KAGAYA

图19-3　活跃双星的想象图。从黑洞近旁喷出等离子体射流（图像提供：http://www.kagayastudio.com/）

20. 亮度变化的星球——变星

恒星中有随着时间的变化，亮度发生几倍或几十倍变化的星，被称为“变星”（variable star）。变星中，有因自身的振动而发生周期性变化的脉动变星、两颗星相互环绕而相互隐藏的食变星、因星的自转而引起亮度变化的自转变星，以及急速变亮的新星和超新星等。此外，也有活动性双星系的激变星、X射线新星等。

珀耳修斯座的β星Angol，是以每3天为周期，亮度在2等至3等之间发生变化的著名的食变星。注意到这个现象的英国业余天文家约翰·古德利克提出了食变星的机制，在1783年发表了论文。之后，经过德国福格尔在1889年的观察，证明了Angol是由两颗恒星构成的双星，并且是相互环绕而使其相互隐藏的食变星。

另外一个有名的食变星，是鲸鱼座的蒭藁增二。这是在1956年发现的第一号变星。在16世纪末，德国牧师Fabricius发现了至今存在的星星会突然消失并且再度出现的现象，觉得很吃惊，并持续进行了观测。但当时望远镜还没有普及，因此无法仔细观测，结果被认为是类似于1572年出现的第谷超新星的东西。在17世纪注意到这颗不可思议的星星的天文学家Hevelius将其命名为“STELLA MIRA”，即不可思议之星，并进行了热心的观察。现在，MIRA被认为是在322天这个很长的周期中，在2等至10等的范围内变光的脉动变星。这是处于恒星演化的最终阶段的恒星，直径是太阳的数百倍。脉动变星因其光度亮且变光范围大而容易被发现，至今为止在银河系中已发现了几千颗脉动变星。

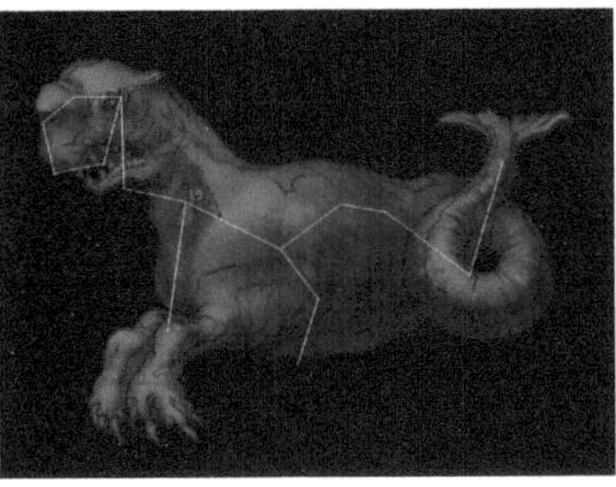

图20-1　珀耳修斯座（左）和鲸鱼座（右）

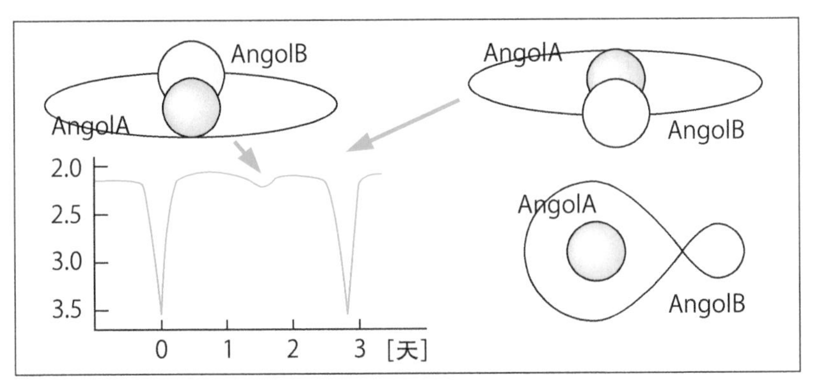

图20-2　Angol的变光机制。相互隐藏而亮度发生变化

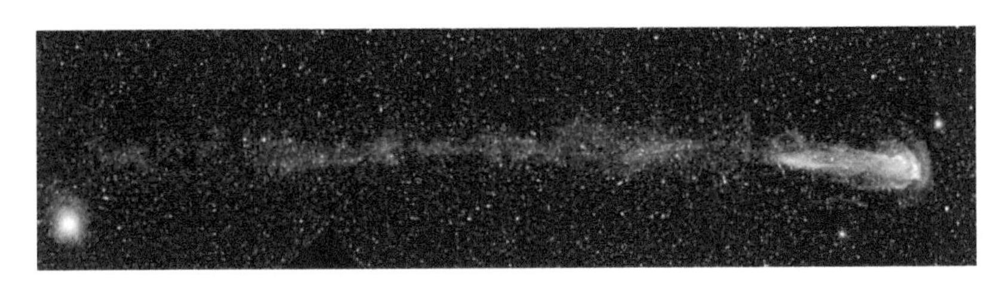

图20-3　NASA的紫外线天文卫星GALEX拍摄的MIRA尾部照片。右侧为MIRA，左下的星是从我们看起来位于我们这边的其他恒星。MIRA作为红色巨星，以每秒130千米的超高速度在恒星间的空间移动。因此，放射出的物质被留在后面，看起来像尾巴一样，长度有13光年。由于尾巴只有紫外线在闪烁，所以一直以来没有被注意到（照片提供：NASA）

21. 疏散星团和球状星团

观察冬季的代表性星座——金牛座，则会发现由无数星星形成的星团。在金牛座脸部的毕星团也是其中之一，由于其形状呈V字形，所以在日本被称为“吊钟星”。此外，在金牛座的右眼部闪光的一等星毕宿五看起来也在V字形中，但这只是偶然出现在相同方向上，实际上它比星团距离我们近很多。

并且在金牛座的左肩上，有由6~7颗蓝白色星体聚集形成的普勒阿得斯星团。它们自古以来在日本被称为“昴星”。这原本是从“统”这个说法中来的，“统”是由多个聚在一起的意思，在日本古典著作《古事记》《万叶集》《枕草子》等中也有记载。夏威夷的大望远镜也以该星团的名字命名，被称为“昴望远镜”。

毕星团和普勒阿得斯星团都是由数十个至数百个较年轻的星构成的星团，因星体稀疏地聚集在一起的样子，被称为“疏散星团”（open cluster）。现已发现了1000个以上的疏散星团。

与此相对的是数万个星体球状聚集在一起的“球状星团”（globular cluster）。以天蝎座的Messier4（M4）和武仙座的Messier13（M13）为首，在夜空中能看到150多个的球状星团。与疏散星团不同，球状星团用肉眼难以看到，因此实际看到过的人可能不多。球状星团被认为是从银河系诞生的时候就已诞生的，形成球状星团的星体们，几乎都是老年星球。

疏散星团集中在银河系的圆盘部分，而球状星团则集中在围绕银河系的星系晕中。此外球状星团在银河系之外的星系中也有很多。

图21-1　普勒阿得斯星团M45（照片提供：木曾观测所）

图21-2　疏散星团NGC290（照片提供：NASA）

图21-3　球状星团M80（照片提供：NASA）

图21-4　球状星团47Tuc的放大图（照片提供：NASA）

22. 星的摇篮
（星云1：暗星云、弥漫星云）

用双目镜或望远镜观望夜空，就会发现与星星不同的像云一样的天体。这些是被称为“星云”（nebula）的由气体和尘埃组成的星间的云彩。星云中，已知的有暗星云、弥漫星云（亮星云、反射星云）、行星状星云、超新星残骸等。这些貌似都是差不多的，但实际上它们却是处于不同阶段的天体。

在星际空间，包含气体和尘埃。从太阳系看来，在比较浓的分子气体块的另一侧有很多恒星、亮星云等的星云时，会以这些为背景，看到分子气体块的影子浮现的样子。这些被称为“暗星云”（dark nebula）。宇宙空间中，有氢气原子等形成的稀薄气体，这些稀薄气体因为某种力量聚集，形成气体块（分子云）。并且，气体会因重力收缩而成为浓厚的气体块。这就是“星的雏形”。不久，开始旋转的气体块成为圆盘状，其中心部分明亮并且散发光辉，星球的婴儿就这样诞生了（原始星球）。

原始星球本身是被气体覆盖的，在我们的眼中看不到，但周围的气体被原始星球的光加温，就会看到云一样的东西。这就是“亮星云”（emission nebula）。我们将靠电离气体发射的亮线闪光的亮星云（电离氢气区域）以及明亮星球的光被分子云反射而看到的反射星云，通称为弥漫星云。在照片中很难看出亮星云，但在猎户座的三颗星下面的猎户座大星云，就是代表性的亮星云。在稍显红色的星云中，有被称为猎户四边形星团的4颗刚诞生的星球，进一步用红外线观测时，能看到很多婴儿星球。猎户座大星云，正是婴儿星球的摇篮。

图22–1　马头星云（http://www.noao.edu/image_gallery/html/im0661.html credit line：T.A.Rector（NOAO/AURA/NSF）and Hubble Heritage Team（STScI/AURA/NASA）

图22–2　鹰状星云（照片提供：HST）

图22–3　猎户座大星云（照片提供：左：木曾观测所、右：昴望远镜）

23. 逝去的星球们（星云2：行星状星云、超新星残骸）

在夜空中闪烁的星（主序星）不久就会老去，成为被称为红巨星的巨大红星。星球越轻则会越长寿，其命运因其重量而不同。

星星最后的形态之一是“行星状星云”（planetary nebula）。质量小于太阳8倍的星进化为红巨星后，由于氦核聚变生成的碳和氧在中心部聚集，星球本身膨胀，外层的大气流失到星际空间中。这会在行星状星云的中心形成白矮星。白矮星会放射出强烈的紫外线，此时可观察到由此产生的电离气体中含有的元素放出的特有的光（明线）的样子。行星状星云被看成是明亮气体块的原因，正是这个光线。行星状星云的形状，一直被认为基本都是球状或球壳状，但用哈勃太空望远镜和地面上的大口径望远镜，可看到如沙漏形的很多扭曲的形状。此外其形状和颜色也是多种多样的。

还有另外一个被称为“超新星残骸”（supernova remnant）的美丽星云。这是比太阳重8倍以上的星球，在诞生几百万年后，就会因中心部的聚变合反应而发生爆炸。这被称为“超新星爆炸”（supernova explosion）。爆炸的威力巨大，会在几天内放出相当于太阳100亿年放出的能量。这会使爆炸的冲击传到周围的星际气体上，气体或磁场等被聚集，而成为超新星残骸。大爆炸后散落的气体，不久就会扩散到宇宙空间中，成为星球雏形的材料。这样就会另外有星球诞生，历史会被重复。

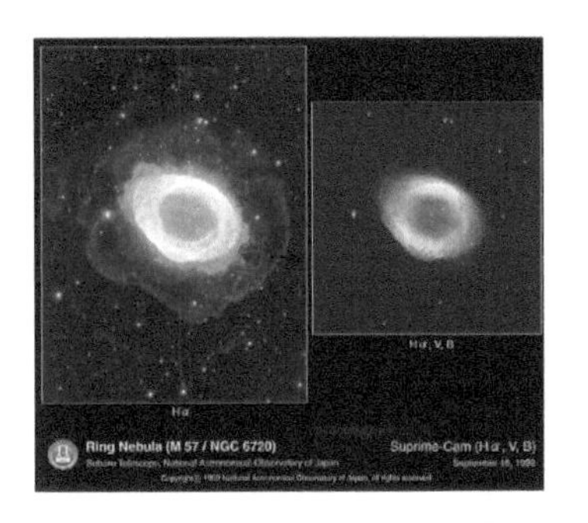

图23-1　行星状星云、环状星云M57（照片提供：昴望远镜）

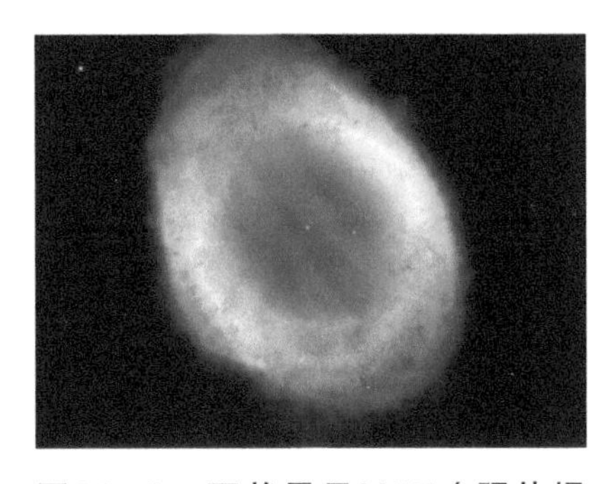

图23-2　环状星云M57（照片提供：HST）

◀图23-3　行星状星云，蚂蚁星云（照片提供：HST）

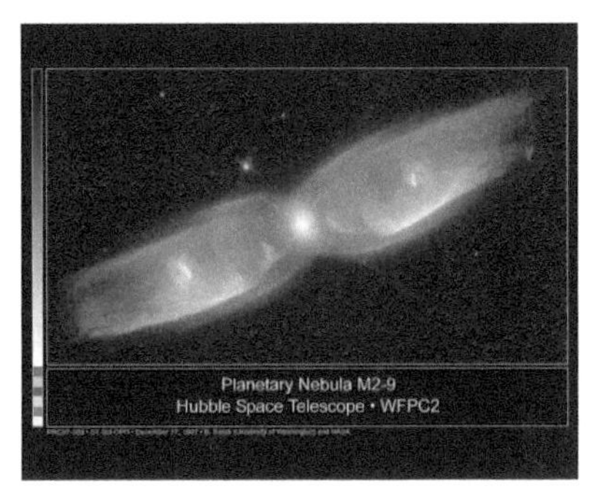

图23-4　行星状星云M2-9（照片提供：HST）▶

◀图23-5　超新星残骸M1（照片提供：昴望远镜）

图23-6　超新星1987A的残骸（照片提供：HST）▶

24. 天空中的星系

夜空中能看到的星体，几乎都是“银河系”（our galaxy）的星体。1609年，意大利的伽利略在意大利用自制望远镜看到了天空中的星系是由很多星星聚集在一起的。在18世纪后期，英国的威廉赫谢耳数出了银河中的每颗星，绘出了银河系的形状。接下来在20世纪，美国的沙普利求出了银河系中的球状星团的距离。这样我们才得出了现在的银河系的形态。

银河系是由2000亿颗星和其他圆盘状物质聚集形成的，直径约为10万光年，厚度为5000光年左右。特别是中心部分厚约1.5万光年，被称为“核球”（bulge）。银盘部中除了有很多的星体，还有几百个或几千个年轻星球形成的疏散星团，以及各种星云。此外，在环绕银河系周围的被称为银晕的区域中，有几十万个由古老星球聚集形成的球状星团，并且充满了肉眼看不到的暗物质（Dark matter）。暗物质被认为是星体等肉眼能看到的普通物质质量的10倍左右，但其本质还没有被了解。

银河系整体的质量中心，在射手座方向上距太阳2.8万光年的地方，被称为银河系中心（银心）。我们在银河系中，所以观察银河系的银盘方向，可看到银盘上的星体重合发出暗淡的光辉。这就是“天河”（milky way）。在夏天和冬天的星空中能看到的、像薄云一样流淌的天河，其实就是银河系的样子。

银盘中集中了气体和尘埃，可见光无法到达其中心，但可用受尘埃影响少的电波和红外线观测到银河系的中心。银河系中心与太阳系的周边相比，星体和气体的密度非常高，中心附近的气体等在高速旋转，进行各种高能量的活动。在最近的观测中发现，银河系中心有重量为太阳的370万倍的巨大黑洞放射出强电波和X射线。该黑洞的起源是今后研究的重点。

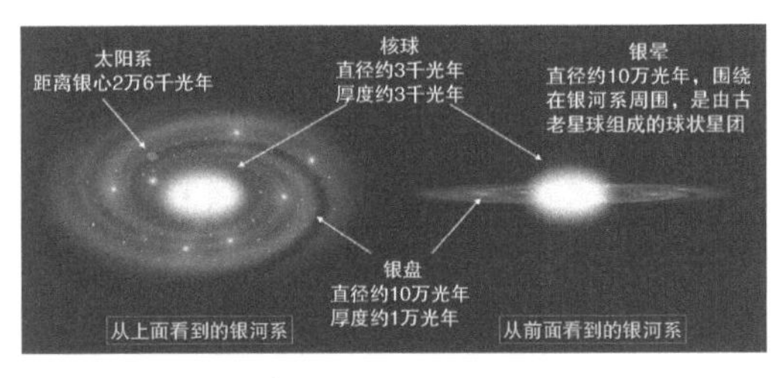

图24-1　银河系（想象图）

图24-2　天河（照片提供：木曾观测所）

图24-3　红外线看到的银河系中心。有4.7亿颗的“星”在照片中（照片提供：2MASS/NASA）

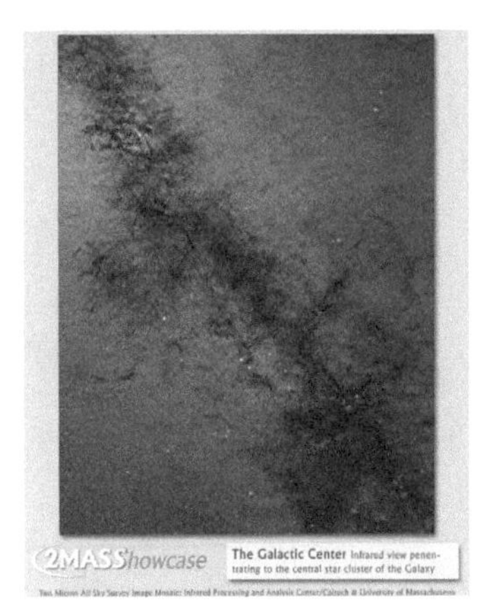

图24-4　红外线看到的银河系中心（照片提供：2MASS/NASA）

25. 星系的发现

宇宙中有各种形状和颜色的星系。星系是由数百亿至数千亿的恒星和大量星际物质聚集形成的天体，我们的太阳系所在的银河系，不过是其中的一个。

秋天的代表性星座——仙女座，是肉眼也能看到的大的星系，被称为仙女座星系（M31）。因它的外表像云彩，所以直到20世纪初一直被认为是银河系内的星云。但实际上，它是银河系外的星系，这是由爱德文·哈勃发现的。

哈勃使用威尔森山天文台的2.5m反射望远镜观察了M31中的造父变星。因为造父变星具有变光周期越长则绝对星等（真正的亮度）越高的性质，所以将由此得到的绝对星等和视星等进行比较，求出M31的距离，就知道了它是银河系之外的、附近的星系。

哈勃进一步对更多的星系进行了观测，按照所见对星系进行了分类。星系根据其形状，可大体分为“椭圆星系”（elliptical galaxy）、“旋涡星系”（spiral galaxy）、“不规则星系”（irregular galaxy）等。旋涡星系再进一步分为没有棒状结构的标准旋涡星系和具有棒状结构的棒旋星系。此外，还有一种圆盘状但不具有旋涡结构的凸透镜状的透镜星系。以上就是被称为哈勃分类（Hubble classification）的星系分类方法，现在也被广泛使用。但星系为什么会呈现这样多彩的形状，至今还是个谜。此外，我们的银河系和仙女座星系，被认为都是旋涡星系。

图25-1　仙女座星系（照片提供：木曾观测所）

图25-2　巨大椭圆星系M87（照片提供：日本国立天文台）

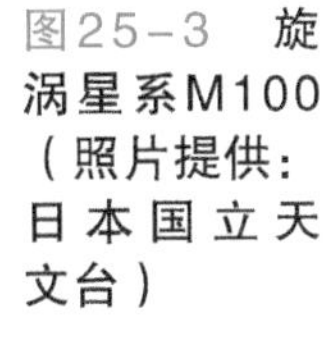

图25-3　旋涡星系M100（照片提供：日本国立天文台）

图25-4　不规则星系M82（照片提供：日本国立天文台）

图25-5　哈勃分类。椭圆星系系列（左侧）分为旋涡星系（右上）和棒旋星系（右下）

26. 活跃星系

星系中，也有产生巨大能量的星系。比如在中心具有“活跃星系核”（active galactic nucleus）的星系，以及“星爆星系”（starburst galaxy）。

在普通的星系中心，已知具有巨大的黑洞，这个黑洞中吸入气体时，就会放出强烈的光、电波和X射线等，星系中心闪亮发光。这就是活跃星系核。具有活跃星系核的星系有射电星系、类星体、西佛星系、耀变体等，它们各自具有不同的特征。

例如射电星系，与普通的星系相比，能放出100万倍的强力电波。中心有活跃星系核，从那里喷出大量的气体，其长度有时是100万至几百万光年。这已经相当于星系本身几百倍的长度了。

类星体是在宇宙中放出最大级能量的天体，其实质是远方星系中心部的巨大黑洞。这样的巨大黑洞的大小大约与整个太阳系相同，且其质量相当于太阳的10亿倍。类星体被称为宇宙中最明亮的天体，即使在远方也容易观察，非常适合用来探索宇宙深处的天体。

与此不同的是，星爆星系是一次就有很多星球诞生的星系。在普通的星系中，一年中只有相当于太阳重量几倍的气体变成星球。但是在星爆星系中，一年竟然有相当于太阳重量1000倍以上的气体变为星球。

图26-1 活跃星系NGC4438的中心部。黑洞活动引起闪亮发光（照片提供：HST）

图26-2 类星体3C273。右下有喷气吹出（照片提供：NOAO/AURA/NSF）

图26-3 星爆星系M82。蓝色和绿色是对应的可见光观测到的图像，红色是电离氢气放射的H-α谱线，用此合成为3色的彩色图像（照片提供：日本国立天文台）

图26-4 星爆星系M51。已知猎犬座中心的“双星系”M51的中心核显示出活跃性，被分类为西佛2型星系。（照片提供：日本国立天文台）

27. 星系团

星系在宇宙中单独存在的情况事实上很少见，大部分都是与其他星系聚集起来的。在此之中，我们将两个星系构成的星系称为“双星系”（binary galaxy），将3个至几十个的集团称为“星系群”（group of galaxies），将几十个至几千个的巨大集团称为“星系团”（cluster of galaxies）。并且将星系群和星系团聚集形成的巨大集团，称为“超星系团”（super cluster）。

星系群具有100万至几百万光年大小，星系团会扩展到1000万光年的空间中，这在像巨大椭圆星系这样的大星系中心比较多见。实际上我们的银河系，是“本星系群”（local group）中的一个。在600万光年左右的范围内，以银河系和近旁的仙女座星系为中心，有30个以上的星系聚集在一起。

超星系团是1亿光年以上大小的大集团。含有本星系群的处女座超星系团，是以处女座星系团为中心的直径1亿光年的超星系团，是由一万个以上的星系构成的。其中，本星系群位于边缘，但由于处女座星系团的重力，以每秒300千米的速度被吸引。

这样的星系群和星系团，在宇宙中并不是均匀分布的，而是有的地方密度高有的地方密度低。最近的辐射观测表明，超星系团呈现扁平的带状结构，如同“万里长城”。

此外，被几个超星系团包围的数亿光年大小的几乎不存在星系的区域，被称为“超级空洞”。在宇宙中，超星系团和超级空洞像肥皂泡一样交错，构成了宇宙的大尺度结构。

图27–1　双星系、星系群、星系团

图27–2　希克森星系群（照片提供：日本国立天文台）

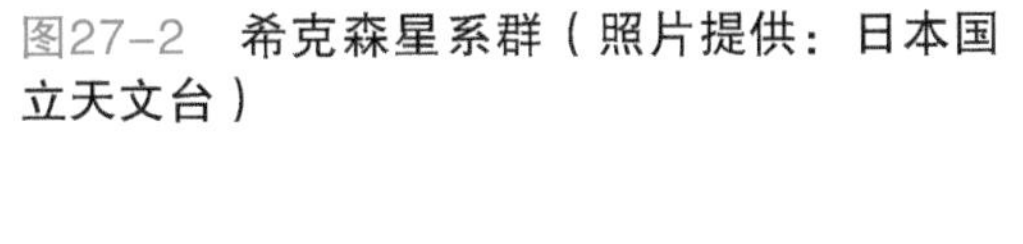

图27–3　后发座星系团（照片提供：日本国立天文台）

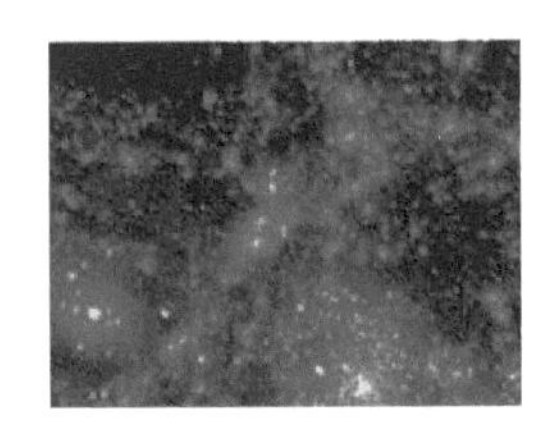

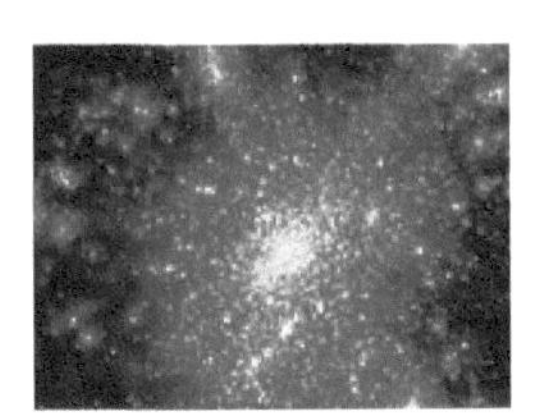

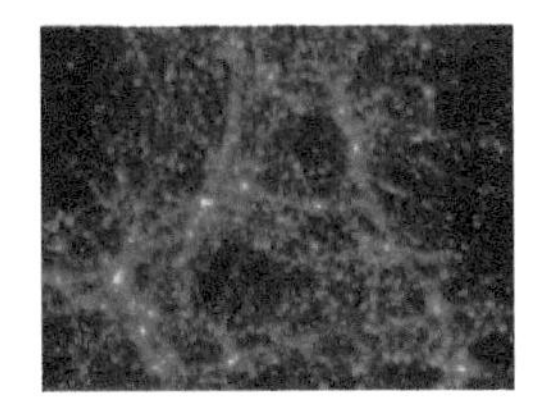

图27–4　大尺度结构（照片提供：日本国立天文台四维数码宇宙计划）

28. 重力透镜

根据爱因斯坦的广义相对论，重力的作用可使光线发生弯曲。在远方的天体和我们之间有星系或星系团存在时，其重力可使远方天体发出的光弯曲后到达我们这里，被称为“重力透镜”（gravitational lens）。这样的例子已被多次观测到。

很早之前，爱因斯坦就在其广义相对论中预言了在天体形成的重力场中光线会发生弯曲。例如经过太阳边缘的光线，会产生偏离初始方向1.75秒角的弯曲。不过要想进行验证，需要在太阳周围的光线明亮时，也就是在日食时进行观察。

终于，在第一次世界大战结束后的1919年5月29日，在非洲和巴西看到的日全食中，著名的天体物理学家亚瑟·爱丁顿率领的英国观测队确认了太阳周围看到的星星的位置发生了偏离，由此证实了广义相对论的预言。正因为这次观测，爱因斯坦和相对论的名字瞬间传遍了全世界。

“光线的轨迹在重力场中会发生弯曲”。根据这个单纯的性质，在作为光源的远方天体和观测者之间，如有产生重力的其他天体存在，则从远处天体射来的光，会因近处的天体的重力场而发生弯曲后到达观测者处。本来是朝向别处的不能到达观测者处的光线，会聚集到观测者这里，结果光源看起来会很亮。也就是说，在观测者和光源间的天体起到了某种透镜的作用，这个现象被称为重力透镜。

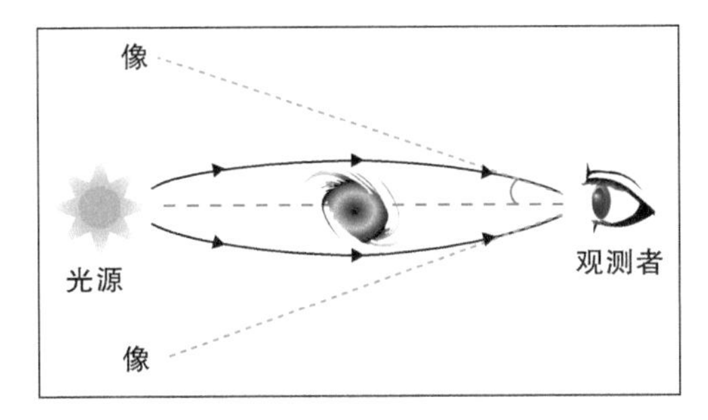

图28-1　重力透镜的结构。从光源射来的光，因透镜天体的存在，发生弯曲后到达观测者处

图28-2　星系团Abell 2218。可在各处看到因星系团的重力场形成的“弧状”重力透镜
（照片提供：NASA）

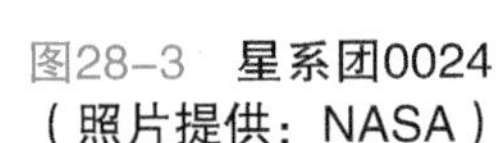

图28-3　星系团0024
（照片提供：NASA）

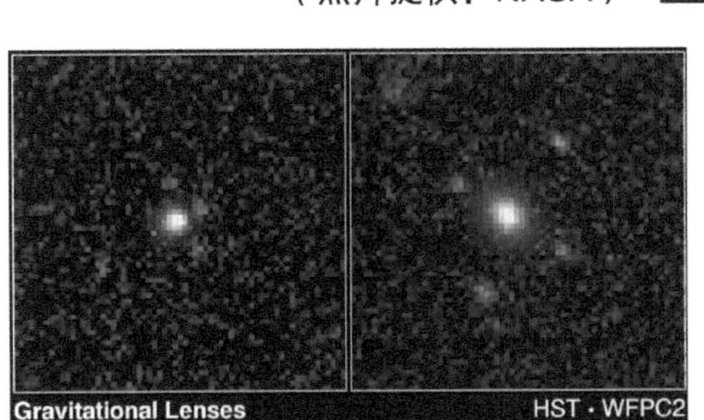

图28-4　爱因斯坦十字交叉QSO2237+0305。四个重力透镜象形成的十字架
（照片提供：NASA）

29. 膨胀的宇宙

在美国威尔森山天文台对星系进行了观测和分类的哈勃，进一步对附近星系进行观测，注意到了以下几点。

（1）大部分星系向红色方向偏移，也就是在远离我们。

（2）距离我们越远的星系，与距离成正比，其远离速度越快。

也就是说，越远的星系就以越快的速度在远离我们，这就是“距离红移”现象。

根据这个观测，哈勃在1929年发表了“宇宙一直在膨胀”这篇论文。所有的星系都在远离我们，并且越远的星系离开得越快，也就是说，宇宙空间本身就在膨胀。

让我们把宇宙膨胀比喻成带有葡萄干的面团。将面团放入烤箱，则随着时间的推移，葡萄干面包会膨胀，葡萄干和葡萄干之间的距离会越来越远。我们如果关注某个葡萄干，会发现它以很快的速度在远离。这个“空间膨胀”正是等同于宇宙膨胀。现在这个法则，以其发现者命名，被称为“哈勃定律”（Hubble’s law）。

宇宙大爆炸使宇宙急速膨胀，冷却下来的宇宙中，不久就有了星系诞生。也就是说，如果观察远处的宇宙，就可以知道宇宙过去的样子，即星系是怎样演化的。

图29–1 操作帕洛马山天文台（Palomar Observatory）的48英寸施密特照相机的哈勃（照片提供：NASA）

图29–2 昴望远镜在深宇宙探测中发现的多个远方的星系（照片提供：日本国立天文台）

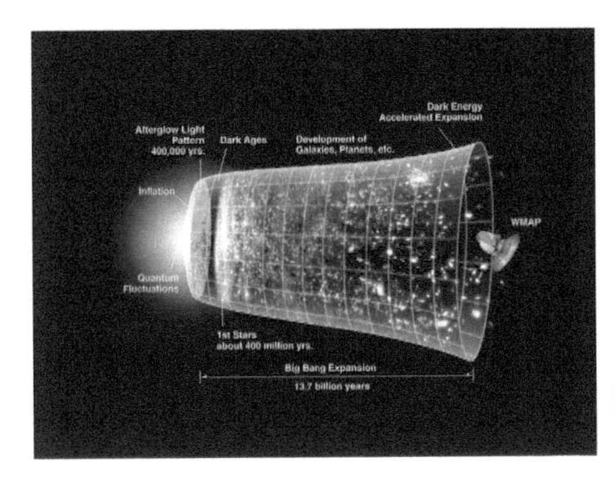

图29–3 宇宙膨胀的概念图（照片提供：NASA）

30. 宇宙背景辐射

进入20世纪50年代之后，有两个对哈勃的膨胀宇宙进行说明的宇宙理论被发表。一个是伽莫夫等提出的宇宙大爆炸理论，另一个是霍伊尔等提出的稳恒态宇宙理论。

宇宙大爆炸理论认为“初期的宇宙是超高温并且超高密度的火球，在这种状态中物质作为质子或中子存在。但其膨胀并逐渐变冷时，引起核聚变反应，从而形成元素”。这是基于相对论和原子核物理学等可验证物理学，但由于当时证据不足，所以具有与理论不一致的缺点。

相对于此，霍伊尔等的稳恒态宇宙理论提出“宇宙在时间上是不变的，空间膨胀导致的密度下降，但宇宙整体会产生出新物质填补密度下降导致的空缺，也就是说密度总是一定的”。但物质从什么都不存在的真空中产生出来的想法无法被接受。两个理论展开了激烈的争论，没有突破性证据出现的情况持续了几十年，直到宇宙背景辐射的发现，这场争论才基本被画上了句号。

1965年，美国的电波科学家彭齐亚斯和威尔森使用贝尔研究所的电波望远镜，对电波噪声强度进行了精密测量。此时，他们偶然发现了从空中的任何方向都有相同强度的电波传来。这正是宇宙大爆炸理论所预言的现象。

根据宇宙大爆炸理论，开始时宇宙是超高温的火球，其中充满了高能量的光。本理论预言了：随着宇宙的膨胀，能量下降，现在变成了高于绝对温度若干度（1K＝-273℃）的电波

（微波）充斥在宇宙空间的任何地方，并且是均匀分布的。实际上观测到的电波的绝对温度是3K（准确地说是2.74K），因此现在被称为“3K宇宙背景辐射”。

现在人类正在对宇宙背景辐射这种电波在空间方向上的不同、基于频率的强度变化、电波强度的不均匀性质等方面进行研究。现在还没有发现与宇宙大爆炸理论的预言相矛盾的地方。因此，该现象作为显示宇宙大爆炸理论的观测事实被广泛接受。

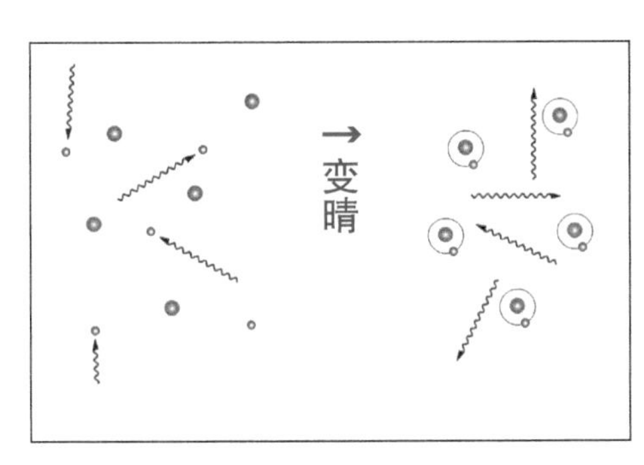

图30–1　宇宙变晴。随着宇宙温度下降，质子和电子变成氢原子，宇宙变得透明，光子变得自由

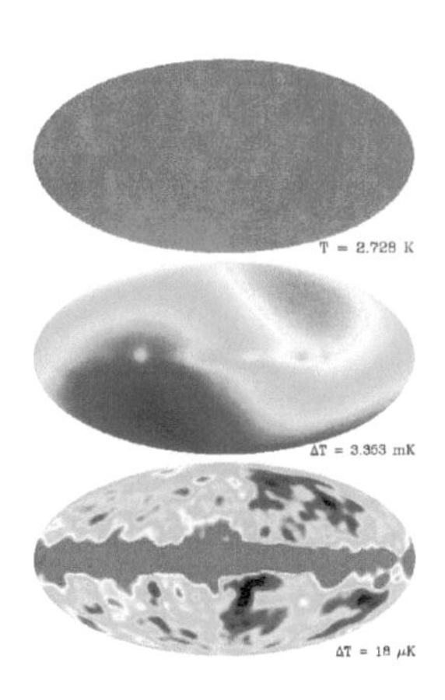

图30–2　宇宙背景辐射。探测器COBE中搭载的DMR装置观测到的、频率为53GHz（波长5.7mm）的电波强度图

图30–3　WMAP卫星观测到的宇宙背景辐射。这些粒状的物质被认为以后变成了星系和星系团（照片提供：NASA）

第 3 章

天空之光和地球的颜色

天空是蓝的，晚霞是红的，夜空是黑的。这对我们来说好像都是理所当然的，那我们是否思考过这是为什么呢？在第3章中，让我们来学习一下与自然、地球相关的各种光和颜色的知识。

1. 天空为什么是蓝色的

太阳的光线被棱镜分解成彩虹色。这个彩虹色的光与光的波长差异对应，越蓝的光波长越短，越红的光波长越长。太阳光中含有各种颜色（波长）的光，这个颜色（波长）的差异与天空的颜色也是有关系的。

入射到大气中的太阳光，大部分会直接通过大气，其中一小部分会照在大气中的空气分子、水蒸气和细小的尘埃等微小粒子上而发生散射。此时，如果雨滴和冰晶这样的颗粒的尺寸比光的波长大很多，则所有波长的光都会被散射，散射光也就不会有颜色。其结果就是含有水滴和冰晶的云彩看起来是白色的。此外，尘埃等引起的散射也是一样的。

另一方面，空气分子等比光的波长小很多的微小颗粒引起的散射的程度会因光的波长不同而不同。这种现象被用其发现者的名字命名，即“**瑞利散射**”（Rayleigh scattering）。根据瑞利散射理论，光的散射量与波长的4次方呈反比。红光波长是蓝光波长的两倍左右，因为散射量与波长的“4次方”呈反比，所以蓝光比红光更容易发生散射，约是红光的16倍。

瑞利散射的结果就是散射程度非常大的蓝光，会从（与太阳的方向不同的）各个方向照过来，因此天空看起来是蓝色的。

因为有大气的存在，所以会造成散射，从而天空看起来很蓝。在空气稀薄的高山上或高空中，散射逐渐变弱，天空的颜色逐渐接近于深蓝色。

此外，有个比较奇特的地方，这就是澳大利亚的“蓝山”（blue mountains）。正如名字一样，山看起来是蓝色的。这座山中生长的桉树散发出油分子，该油分子的尺寸比光的波长小，太阳光发生瑞利散射，因此虽然是地上，山看起来却是蓝色的。

图1–1　普通的蓝色天空

图1–2　高山（夏威夷的莫纳克亚山顶）的深蓝色天空

图1–3　高空中的深蓝色天空

图1–4　蓝　山

图1–5　日落时的绿松石蓝色（turquoise blue，介于蓝色与绿色之间，属蓝色系）的天空

2. 晚霞为什么是红色的

晴天时，如在视野开阔的地方看日落，就会发现西边的天空被染成红色。但此时头上却还是蓝色的，天空中显现出从红色到蓝色逐渐过渡的漂亮颜色。在晴天时天空是蓝色，朝霞和晚霞是红色，都是基于相同的原因——散射。

在清晨和傍晚，太阳在地平线附近，高度较低，与白天相

图2-1　**各种各样的晚霞**

比，太阳光通过大气的距离变长。太阳光在大气中经过较长距离，蓝光四处散射，到我们眼前时基本已经消失了。但实际上散射掉的蓝光并不是消失了，而是在其他地方显现出蓝色的天空。与蓝光相比不怎么散射而留下的红光，就会映到我们的眼中。正是因为这样，清晨和傍晚的天空看起来才是红色的。

此外，有时晚霞会比朝霞看起来更红。这是因为白天人类的活动（如工厂生产、汽车尾气等）造成空气中的灰尘和垃圾增多，傍晚的时候就会发生更多散射。

续图2–1

3. 夜晚为什么是黑暗的

夜空为什么是黑暗的？也许读者会觉得“白天是亮的而夜晚是黑暗的”是理所当然的。白天确实因为有太阳而是明亮的，为什么夜晚是黑暗的呢？仔细思考就会觉得这是不可思议的事。

如果宇宙是无限延伸的，宇宙整体中有无数星体存在，无论朝向宇宙的哪个方向都会看到星体。每颗星星的光虽然与距离的平方呈反比而逐渐变暗，但宇宙中均匀地分布着星体，因此在我们能看到的范围内的星体的数量，是与距离的平方成正

图3-1 夜 空

比增加的。结果就是，在某一距离范围内的宇宙的亮度都是一样的。既然宇宙是无限延伸的，那么把无限加起来，则夜空也会（无限）变亮。这样来想，夜空应该是明亮的，可实际上却是黑暗的，这可以说是个谜。这个谜被用其研究者的名字来命名，即“奥伯斯佯谬”（Olber’s paradox）。

为了解决奥伯斯佯谬，人们提出了很多方法。很多时候，夜空黑暗被认为是因宇宙的膨胀造成的。但是仔细研究就会发现，实际上宇宙即使不膨胀，因为宇宙年龄是有限的，夜空也会变黑。也就是说，宇宙的膨胀不是根本的原因。此外，星体也不是无限闪光的，就好像核反应堆的燃料用尽后就会熄灭一样。

实际上，宇宙年龄有限、星球寿命有限、夜空中没有能无限发光的充分的星体数，这是夜空黑暗的根本原因。

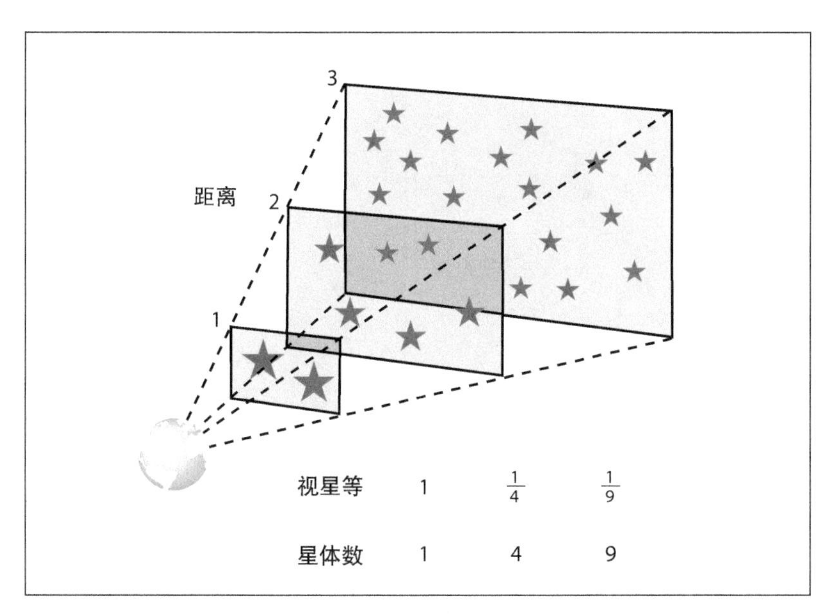

图3–2　奥伯斯佯谬

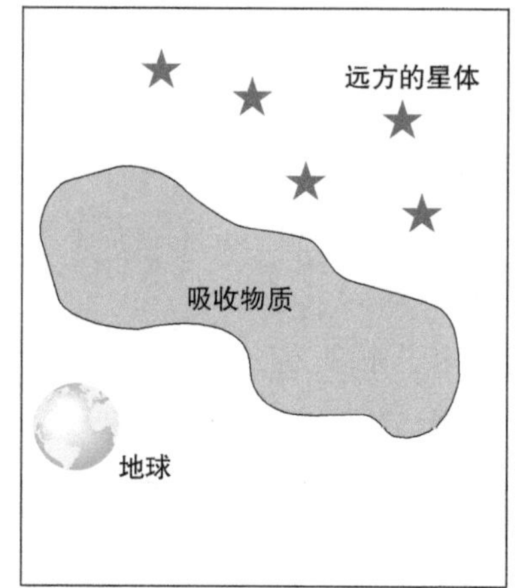

图3-3a　远方星体的光线被吸收物质吸收。实际上，吸收了星体光线的物质被加热，到一定时候自身就会开始发光。因此这个解释方案不成立

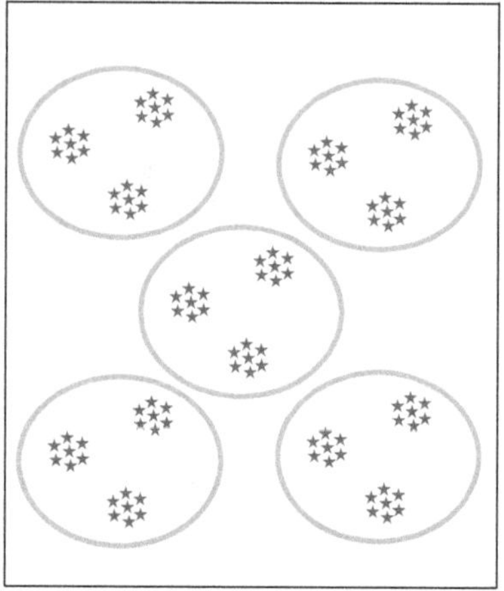

图3-3b　星体呈现星系和星系团的分级结构。因此宇宙即使是无限延伸的，星体的数目也是有限的，就算将所有星体的光线合在一起，其亮度也是有限的

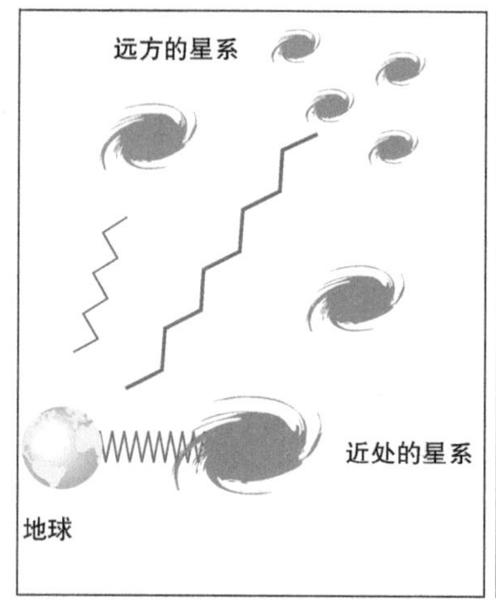

图3-3c　由于宇宙膨胀，远方的星体和星系的光线变暗

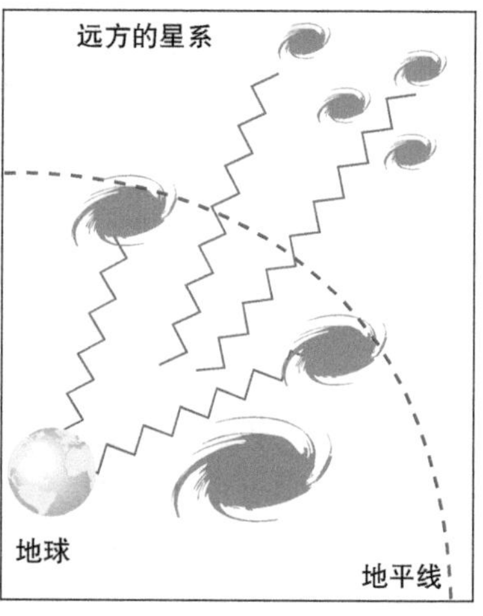

图3-3d　宇宙的年龄有限，因此能观测到的区域也是有限的。现在能看到的星体数也是有限的，因此不会达到充分的亮度

4. 云彩的颜色

酷热的夏日，在山那边出现的积雨云看起来是白色的。但是，当云彩靠近，要下起剧烈的雷阵雨时，天空却会被灰黑色的云笼罩。那么，云的颜色是由什么决定的呢？

云是空气中的水蒸气变成水滴和冰晶后形成的集合。水滴等与空气分子相比非常大，因此照射到水滴上的太阳光虽然发生了散射，但其因波长不同而引起的差异很小。所以，从太阳出来的白色光即使被云散射也没有颜色，从而云彩看起来是白色的。此外，这样的散射在光的入射方向前方较强，因此积雨云等厚云会受到强光照射，闪耀着白光。反过来，观察从后面受光的云时，会觉得有阴影。但是，在白天的大气层中，被空气分子散射的光充斥着天空，这样会给予云彩从与太阳不同方向射来的光。被云散射的光也会照耀其他云彩，因此积云（高积云）和积雨云看起来都是有阴影的明亮的云彩。并且，被朝阳和夕阳的红光照射时，云彩也会显现红色。

但是即使有颜色，像卷云这样的在高空中出现的云彩的一部分，有时会显现彩虹的颜色。这是稍微特别的现象。

通常来讲，水滴等在云彩的内部大，在边缘部分则小。但是，因大气的微小变化就出现或消失的云彩，其水滴等微粒的大小在整体上是基本相同的。这样大小均匀的微粒成为层状进而堆积几层时，被水滴等折射的光，会使云彩显现出不同的颜色带。

衍射指的是直行的光在物体边缘偏离直线传播方向而绕到

物体背面的现象。物体的直径越小或是光的波长越长，绕向后面的角度（偏角）则越大。由于衍射而显现出彩虹色的云，被称为“彩云”。

图4-1　积雨云

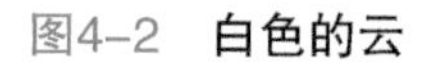

图4-2　白色的云

图4-3　灰色的云

图4-4　朝阳和夕阳照耀下的云

图4-5　晨　雾

图4-6　彩云（摄影：西村昌能）

5. 冰晶和雪景

如果气温足够低，可以将天空飘落的雪花用羊毛等材质的布接下来进行观察。雪花的形状中，最为人所熟知的，是平面上有6个分支散开的树枝状的六边形。但即使同样是树枝状的，也有前端尖锐的、或是六边扇形的、或是像剑一样棒状延伸的、或是基本形态相似但树枝状突起和空隙有微妙不同的，我们无法看到两个完全一样形状的雪花。并且，除了树枝状六边形雪花之外，雪也有六边板状、六边柱状、针状的，以及将这些组合起来的鼓形或炮弹形等的各种形状。

“冰晶”（ice crystal）是水结晶化形成的，而冰晶又是雪花形成的必要介质。水（H_2O）分子结合而成的六边形，规则性地进行立体排列，形成冰晶。并且，小的六边形冰晶雏形会成长为什么样形状的雪花，是由每个冰晶所处空间的气温和湿度决定的。最先注意到这一点的中谷宇吉郎说“雪是天空送来的信”，我们看到落在地面上的雪花的形状和图案，就可以知道高空的大气状态。

此外，积雪覆盖地面，地面就会变成银色的世界。当然不是真正的银色，雪看起来是白色的，但晴天里雪面会反射太阳光线，并且很耀眼，所以看起来像是“银色”的。但是，在显微镜下观察每个结晶，就会发现雪是透明的。那么为什么透明的结晶聚集起来时，看起来是白色的呢？

这是因为在充满缝隙的雪花中，在结晶的表面发生反射、折射的光线，几乎不会被吸收，而是再次从雪上射出来。透明玻璃被打碎后看起来是白色的也是同样的道理。即使反复发生反射和折射，从雪上射出来的光也基本都是太阳的白色光。在滑雪场和雪山中，皮肤会被晒黑，这不单是因为从天空中照射下来的太阳光，也因为有雪的反射，从而会受到比平时多的太阳光照射。

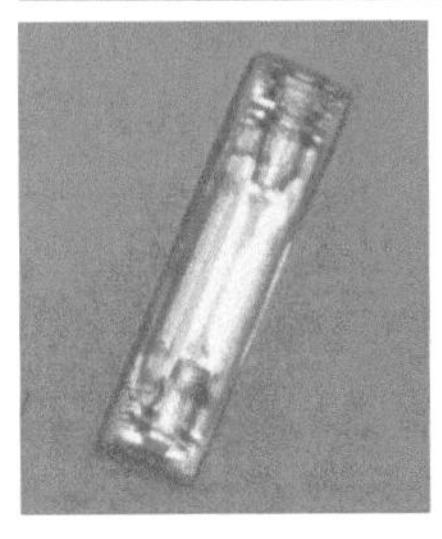

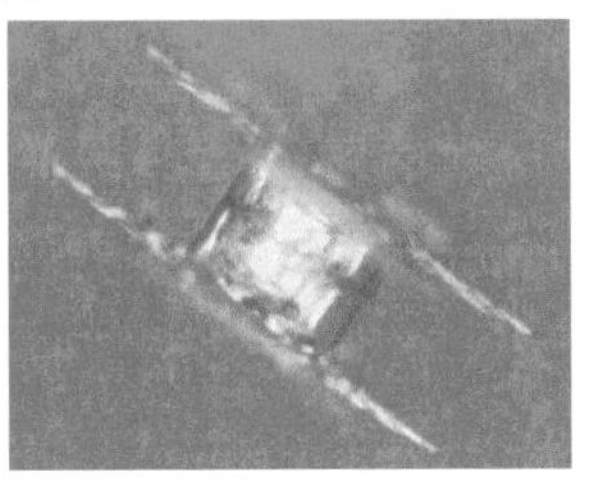

图5–1　冰晶（照片提供：小西启之）
上：各种类型的树枝状的冰晶
左下：角柱形的冰晶
右下：鼓形的冰晶
用偏光显微镜观察会看到结晶有色，但实际上的结晶是无色透明的

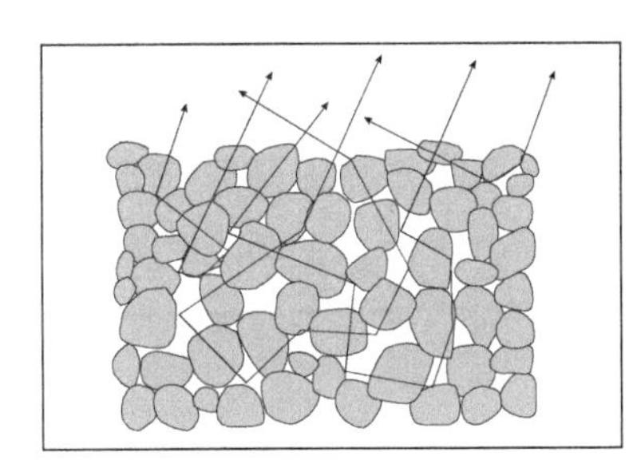

图5–2　雪是白色的理由

图5–3　雪景（照片提供：Chihaya Nature and Astronomy Museum）

6. 雾凇和霜

在寒冷的冬日清晨，气温在0℃以下的高山被雾（云）笼罩时，山上的树木中会开出被称为“软雾凇”（soft rime）的白花。

此时如果气温在-20~-10℃，则雾气中水滴的温度也会到达这附近。普通的水在0℃就会开始冻结，但空气中的微小水滴有在冰点下也不冻结的现象。这样的状态被称为“过冷却”。过冷却的水滴，如受到某种冲击，瞬间就会冻结。软雾凇的白花是因为水滴碰撞到树上结冰形成的。冰冻的水滴之间有很多缝隙，因此与雪是白色的理由相同，软雾凇也会反射太阳光而闪烁白光。

水滴被风吹着而附着到树上的软雾凇，在树枝的上风向迅速增多，但非常脆弱。并且，因其形状与虾尾相似，所以也被称为“虾的尾巴”。在日本的藏王山，罩住树木的巨大软雾凇，也被称为“怪物”（monster），是很有名的。

虽然没有软雾凇有名，但与软雾凇原理相同的还有“雨凇”（glaze）和“硬雾凇”（hard rime）。软雾凇是白色的并且非常脆弱，相对于此，雨凇是透明的，且非常结实的冻结在树枝上。硬雾凇是半透明的，其透明度和附着树枝的强度介于软雾凇和雨凇之间。气温、风速、水滴的大小以及雾的浓度，决定了会形成什么类型的雾凇。我们将由过冷却的雾形成的软雾凇、雨凇、硬雾凇统称为“雾凇”，不过人们日常所说的雾凇其实多为软雾凇。

还有一种现象就是附着在地面上或植物上的“霜”

（hoarfrost），它是空气中的水蒸气凝华形成的。凝华是气体直接变成固体的现象，与水滴冻结形成雾凇是不同的。水蒸气是肉眼看不到的，所以在形成霜的早上，没有雾产生，天空晴朗，且因出现辐射冷却变得非常寒冷。凝华现象实际上在高空雪花形成时也会发生。雪花能够在云中浮游并成长，而地面上的霜结晶很多时候不会长得很大。但是如果大气流动，能持续供给水蒸气，则在草叶上形成的霜的结晶也会得到自由成长的空间，有时能长得像雪花那么大。

图6-1　雾散去后的山和雾凇（照片提供：Chihaya Nature and Astronomy Museum）

图6-2　软雾凇（照片提供：Chihaya Nature and Astronomy Museum）

图6-3　硬雾凇（照片提供：Chihaya Nature and Astronomy Museum）

图6-4　雨凇（照片提供：Chihaya Nature and Astronomy Museum）

图6-5　与中间空洞的角柱形雪花相同形状的霜结晶

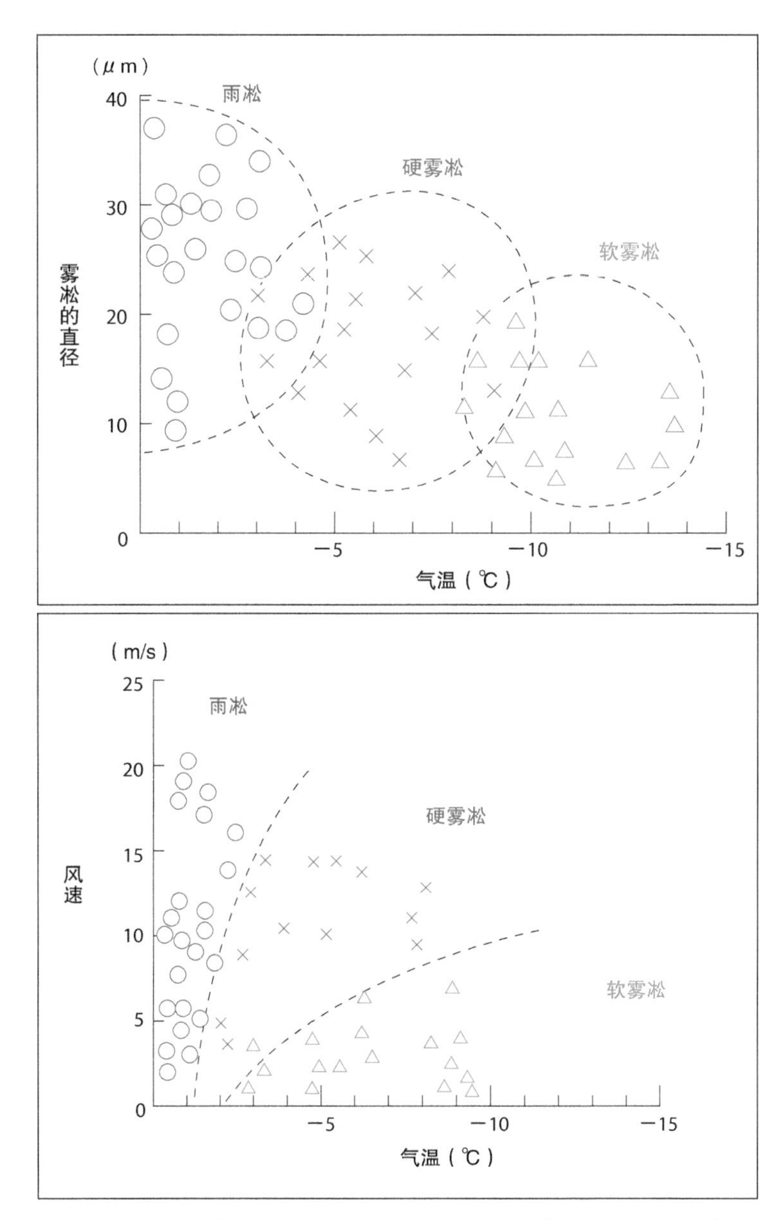

图6-6　雾凇的类型和条件(引用：若滨五郎《雪与冰的世界》东海大学出版社)

7. 七彩的彩虹

在雨后的天空中或尼亚加拉河大瀑布看到的美丽的“彩虹”（rainbow），是因为太阳光经大气中漂浮的微小水滴折射而产生的。光的波长不同，则被水滴折射的角度也不尽相同，因此会出现七彩的彩虹。

一般我们看到的是内侧为蓝色而外侧为红色的“主虹”。太阳光线经水滴折射时，与紫光相比，红光会以较大角度发生折射。具体来讲，相对于太阳光线的入射方向，紫光向约40°角，红光向约42°角方向弯曲。其结果就是主虹从外侧会按照“赤橙黄绿青蓝紫”的顺序排列。

偶尔会在主虹旁边看到“副虹”（又称“霓”）。副虹因比主虹的水滴内折射次数多，因此与主虹相反，内侧为红色而外侧为蓝色。

在古代中国，人们将彩虹比喻成连接天和地的龙。于是将表示龙的虫旁和表示音的工组合，制成了“虹”这个字。

在日语中，彩虹也写作“虹”，发音为“にじ”（niji），意为“天空的主人”。

此外，在英语中，彩虹写为“rainbow”，意为雨之弓。在法语中写为“L’arc en Ciel”，意为天空的拱桥。

图7–1　各种彩虹

图7–2　主虹和副虹

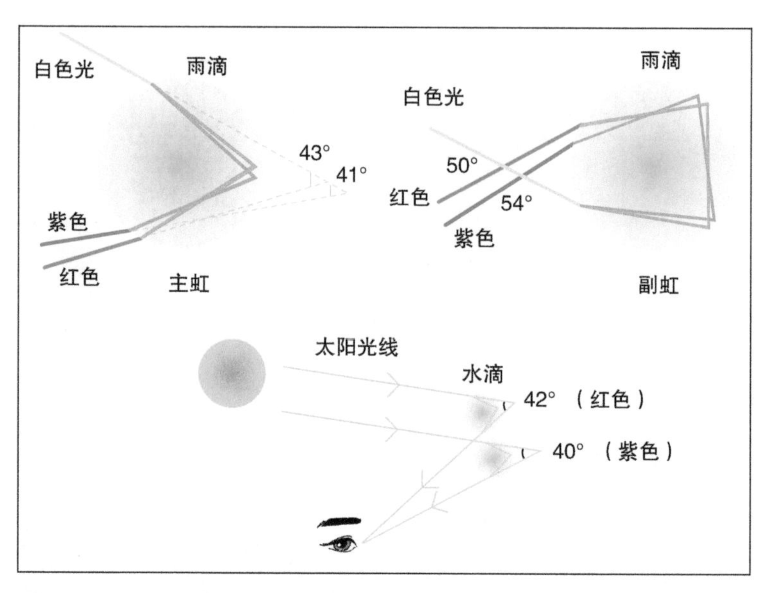

图 7-3　主虹和副虹的光线路径

图7-4　天空中的大彩虹

8. 日　晕

当大气上层稀疏地飘着薄薄的卷云和卷层云时，在太阳周围和月亮周围能看到“晕”（halo）。这个晕的形成原因与彩虹类似。

在高空中气温为0℃以下时，云不是作为水滴，而是作为冰晶浮游着。这种冰晶的形状有几种类型，其中具有代表性的是正六边形底面的平板状结晶和柱状结晶。

太阳光线照进这些冰晶时，在结晶表面发生折射，冰晶起到与棱镜相同的作用。其结果是白色太阳光被分解为像彩虹一样的光谱，这个光谱正是晕的本质。

射入结晶的光线和经折射后射出的光线形成的夹角被称为偏角，光的入射方向变化，偏角也会发生变化。但是，从某个范围内的方向射来的太阳光线，会集中在两个最小的偏角，也就是22°和46°左右的方向上。因此，出现了大小不同的两个晕。此外，晕的颜色与彩虹不同，两个都是内侧为红色而外侧为紫色。不过内侧的红色比较浓，看得很清楚，而外侧的从蓝色到紫色的部分就发白模糊。

形成云的冰晶不是很标准的六角板和六角柱时，光线会向对应结晶形状的方向折射，所以有时候会在不同角度看到晕。

图8-1 22° 的晕（下侧为环状水平弧）

图8-2 22° 和46° 的晕

图8-3　22°和46°的晕

图8-4　22°的晕

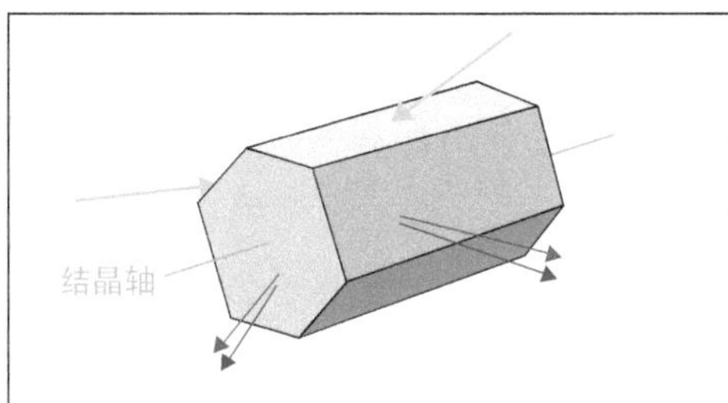

图8-5　形成晕时光线通过冰晶的路径

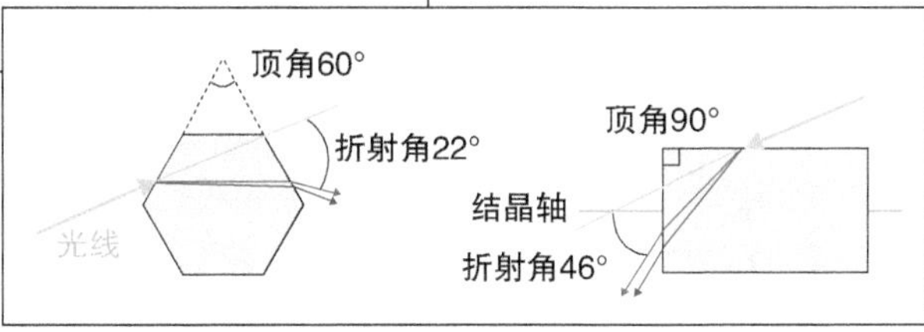

图8-6　形成晕时光线在冰晶内部的路径

9. 光　环

从飞机的窗户观察下面的云海，有时可在与太阳正相反的方向看到彩虹色的环。这被称为“光环”（glory）。

光被浮游颗粒散射，颗粒的大小不同，散射后光的波长和方向也会不同。形成云的水滴与空气中的分子相比较大，因此光的散射不会因波长不同而产生太大的差异，但会向光的前进方向强烈散射。云雾中的水滴将太阳光聚集在与太阳正相反的对日点上，这样便会形成形状模糊且与太阳完全不同的新光源。此时如果我们处在薄云或雾中且背对太阳（如透过飞机窗往下看），由于太阳光在云中向这边反射时，模糊光源的光也会照向这边，那么彩色的光环就会映入我们的眼帘。

衍射是直行的光在物体的边缘改变方向而向物体背后环绕的现象，物体的直径越小，则向后环绕的角度（偏角）越大。并且，光的波长越长则偏角越大。光环的颜色排列规则是外侧是红色的，而内侧是紫色的。

太阳光强烈时，在光环的中间也会出现观测者（飞机）的影子。光环的大小是由角度决定的，影子的大小是由观测者（飞机）与映出它的屏幕之间的距离决定的。在照片中，云在遥远处，因此飞机的影子变得很小。此外，在照片中飞机的影子和光环的中心没有重叠，这是因为摄影者坐在飞机中靠前面的位置上。光环的中心必然是在连接太阳和观测者的眼睛的直线上的。

被云雾环绕的山顶上偶尔可见的“宝光”（brocken spectre），与在云中看到光环是一样的现象。

图9-1　从飞机上看到的光环

图9-2　从飞机上看到的光环

10. 日柱和幻日

在太阳位置较低的清晨和傍晚，有时能看到向太阳上下延伸的美丽光带，看起来像是立着的光柱，这种现象被称为“日柱”（sun pillar）。

通常在日柱发生的同时，在太阳左右一定距离外的位置会有美丽的光点出现，这些明亮的光点被称为“幻日”（mock suns,sun dogs），像日柱一样会同时向上下延伸。

这样的现象，都是由在太阳和观察者之间的远处的高空中漂浮的六边平板状冰晶引起的。

空气稳定时，冰晶几乎是水平漂浮的，太阳光碰到冰晶的底面而发生反射时，冰晶的倾斜角度如果正好合适，反射光会达到观察者的眼睛中。本来是应射到观察者上空的光线，由于这种反射，看起来是从太阳的上方天空射来的。这就是看起来在太阳上侧延伸的日柱。另一方面，当太阳光被冰晶顶面反射而到达观察者时，该光看起来是从太阳下方射过来的，也就是看起来在太阳下面延伸的日柱。冰晶不吸收光线，因此日柱与太阳颜色相同。

另一方面，引起幻日的太阳光是从侧面入射到冰晶中的。与日晕原理一样，折射光聚集在22°最小偏角上后到达观测者的眼中。引起幻日的六边平板状冰晶，基本是水平漂浮的。太阳的高度低时，幻日会出现在距太阳约22°的位置上。太阳高度很高时，则太阳光会斜着通过冰晶，此时的幻日会出现在22°以外更远的地方。也有日晕和幻日同时出现的情况。另外，如果冰晶在垂直方向上延伸漂浮，幻日看起来便会像日柱一样，也是上下延伸的。

并且，如果有很多冰晶漂浮，日柱和幻日也会显得更加明亮。

图10-1　太阳和太阳上边延伸的日柱（右）、幻日和日晕的一部分（左）（照片提供：西村昌能）

图10-2　太阳、日晕及其左右两端的幻日（照片提供：西村昌能）

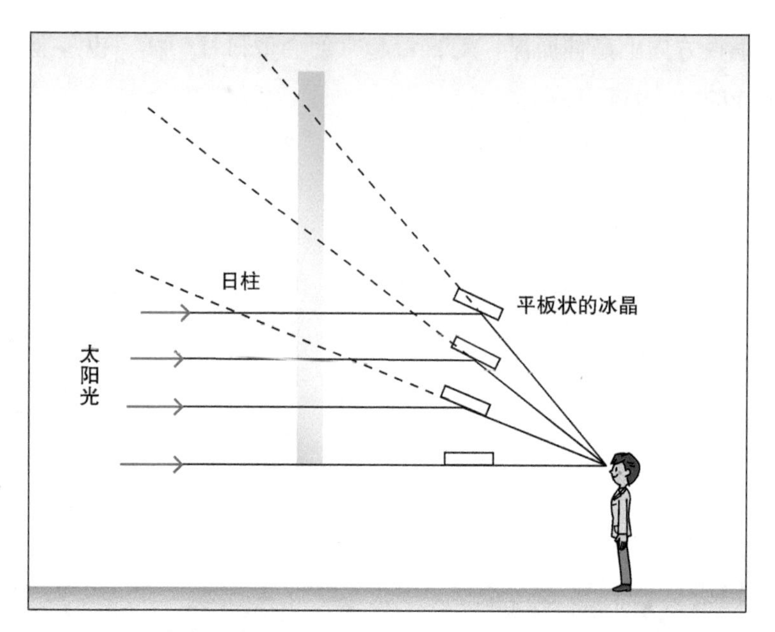

图10-3　**日柱的形成**

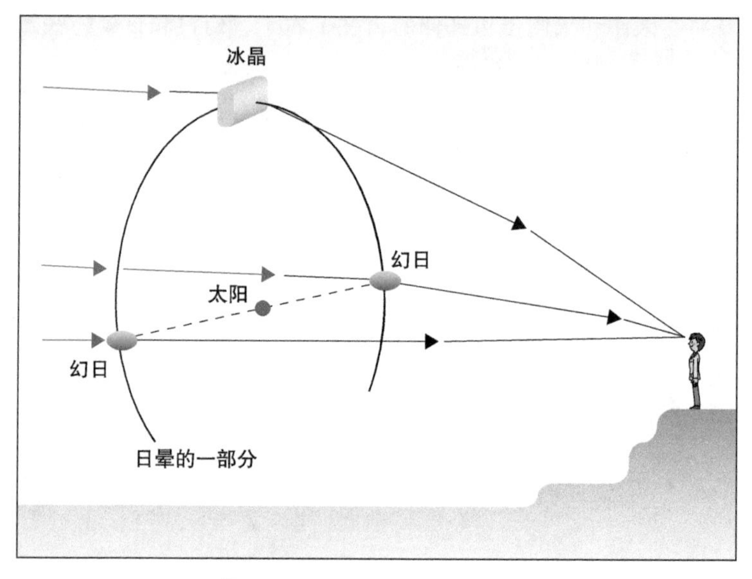

图10-4　**幻日和日晕**

11. 北极的极光

在北极和南极能看到美丽的“极光”（aurora）。极光有的呈条纹状，有的像从天上垂下来的窗帘，有的像日冕一样呈放射状，有的会布满整个天空，“极光”有各种各样的类型。

极光是随着太阳放出的太阳风飞来的带电粒子，被地球的双极磁场捕捉到而进入极地，与上层大气中的氮气和氧气碰撞后被激发而闪光的现象。

如果拍摄极光的可见光光谱，就会得到只有红色、绿色和蓝色部分出现明线的明线光谱。这表示极光的产生只与特定元素有关。最容易见到的极光颜色，是带电粒子与氧气原子碰撞时发出的绿色，这被称为“极光之绿”。

在太阳的活动活跃时，会飞来很多的带电粒子，极光的产生也会变多。此外，极光的产生与地球的磁场密切相关，容易观测到极光的区域将磁极带状环绕，被称为“极光带”（aurora oval）。

日本位于远离磁极的位置，因此基本无法观测到极光，但偶尔也会看到北边的天空显现红色的极光。在日本的古书《日本书记》以及藤原定家的《明月记》中，将此记录为“红气”。

极光的语源，来自于罗马神话中的黎明女神Aurora。值得一提的是，北极的极光被称为Aurora borealis，南极的极光被称为Aurora australis。在拉丁语中，boreas是北风，auster是南风。也就是说，“北极光”（aurora borealis）的意思是“北方的黎明”。

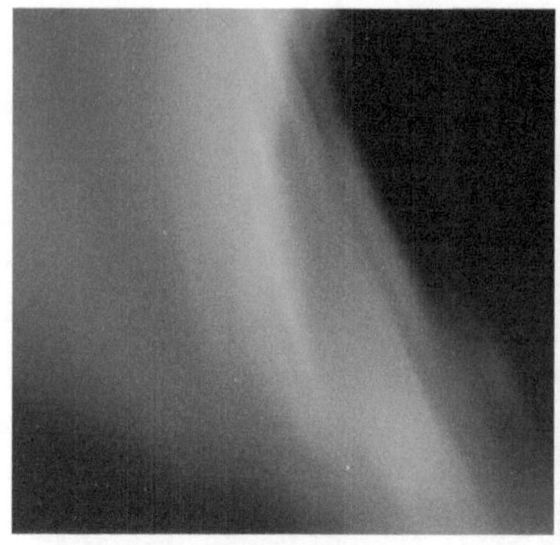

图11-1 绿色的极光

图11-2 从宇宙飞船中看到的极光（照片提供：NASA）

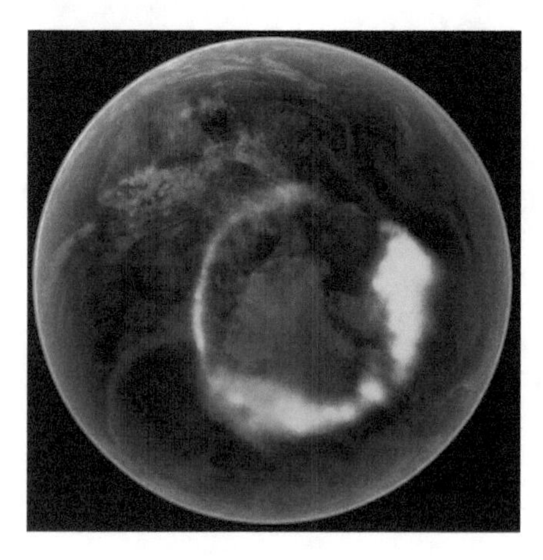

图11-3 极光带（http://www.science.psu.edu/alert/images/SALT/aurora_imaLarge.jpg）

12. 雷和闪电

在夏季经常会有积雨云引起的雷雨。此时出现的“雷”（thunderbolt）是电流瞬间流过大气时的放电现象，通常伴有巨响和闪光。此时发生的撕裂天空“闪电”（lighting）是放电时产生的火花。“雷鸣”（thunder）是与闪电同时发生的声音。

在大气中，音速比光速慢很多，所以在远处打雷时，会在看到闪电后过一些时间才听到雷鸣。声音在空气中传播的速度是每秒340米左右。

通常空气是电流无法通过的绝缘体，不过在电压非常高时空气也会发生放电。引起放电的是空气分子，雷电的颜色与极光一样，是氧气、氮气、氢气等特有的颜色。并且，闪电的光谱也与极光的光谱相同，是不连续的。

此外，空气中有雷电的电流通过时，其最前端以每秒数万千米的速度前进，周围的空气被瞬间加热到数万K。而加热产生的冲击波就引发了雷鸣。

图12-1　普通雷电（照片提供：田锅和仁）

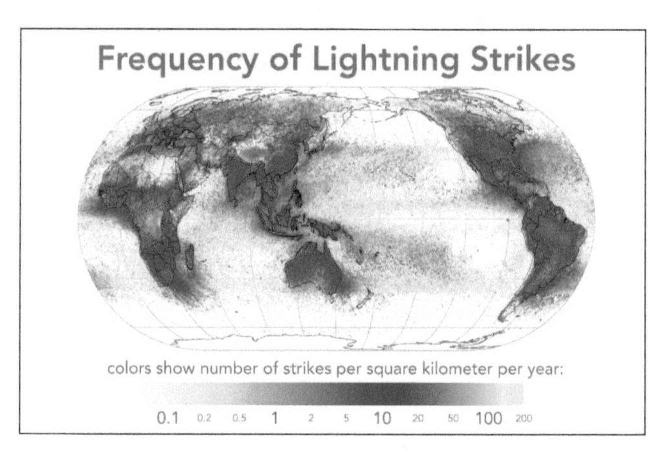

图12-2　雷电发生的频率分布
（出自：http://upload.wikimedia.org/wikipedia/en/c/c5/Global_lightning_strikes.png）

图12-3　火山喷发时的雷电
（出自：http://upload.wikimedia.org/wikipedia/commons/f/f2/Rinjani_1994.jpg）

13. 电离层的精灵

伴随着大气层中雷云的放电，雷云上空的大气层外（下部电离层）有时会发生发光现象。与这样的发光现象相关的目击证言从19世纪开始就陆续出现，但由于没有影像证据，因此没能受到瞩目。但是，在1989年这个发光现象的影像被拍摄下来，从地面、飞机和宇宙飞船上等都确认了该现象的存在，由此开始备受瞩目。在刚被发现的时候，这个发光现象的物理原理还没有为人所知，作为装点夜空的不可思议的发光现象，人们将其命名为“sprites”（sprite的复数），意为“精灵”。

在1994年，日本东北大学的研究人员发现了与sprites不同的电离层的放电现象。这个现象是伴随VLF带的强烈电磁脉冲（EMP）产生的，因此取Emission of Light and Very low frequency perturbations due to Electromagnetic pulse Sources各单词的首字母，将其命名为“elves”（elf的复数），意思也是精灵。

sprites的发光持续时间只有几十毫秒左右，高50～100千米，宽10～50千米。elves的发光持续时间是1毫秒（千分之一秒）以下（典型的是0.05至0.1毫秒），高100千米左右，宽100~300千米。

现在，关于这些发光原因，通过分光观测我们明白是因为氮气分子发光。但是，对于发光的机制我们还不清楚。因此对于这些夜空中飞驰的奇异的精灵的本质，我们还不清楚。

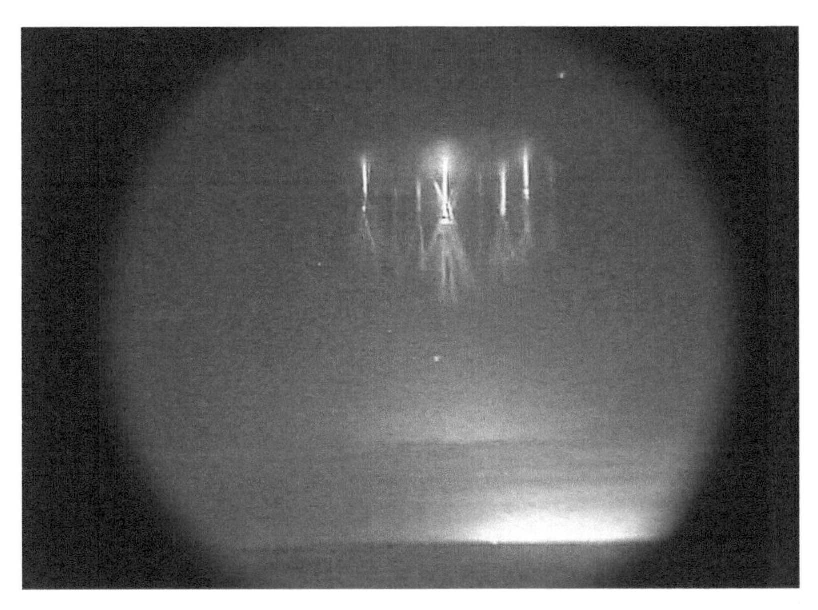

图13-1　纵向延伸的sprites。下方的亮光是大气层中发生的雷电放电，隐约的那条直线是地平线（照片提供：NASA）

图13-2　红色sprites（照片提供：NASA）

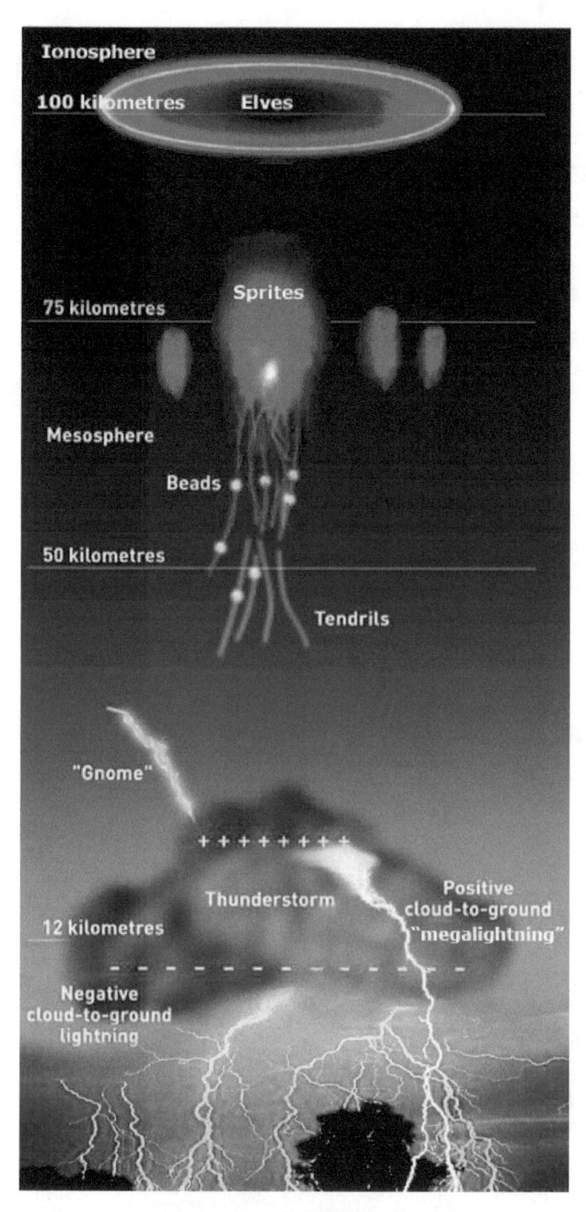

图13-3　sprites和elves的模式图（出自：http://www.holoscience.com/news/img/Sprites.jpg）

14. 海市蜃楼

在沙漠和海湾口，有时会在地平线或水平线的前方看到本不可能看到的景象，这就是“海市蜃楼”（mirage）。海市蜃楼是因为地面或水面附近的气温发生很大的变化而使空气的折射率发生变化，从而使经过大气中的光线发生异常折射而引起的现象。

例如，有名的日本富山湾的海市蜃楼，是因为富山湾在初春会流入融化的雪水，海水温度变得非常低。此时，与海面接触的空气的温度也比上空的温度低。在越往上空则气温越高的大气中，从海面附近向上照射的光被强烈折射转而向下。这样的光线到达我们的眼睛时，我们就会看到“好像浮起来的海市蜃楼”。

反过来，在沙漠等地面炎热的地方，地表附近的空气被加热，与上空相比地表气温更高。在越往上气温越低的空气范围内，从高处射向低处的光向上方折射而进入我们的眼睛。这时，我们会看到与镜面反射的光相同的倒立的海市蜃楼。

或者，在沥青的路面被烤得很热时，有时眼前会出现“水洼”一样的景象。这个怎么追赶都追不上的水洼，被称为“逃跑的水”，也是我们身边发生的海市蜃楼的一种。

顺便介绍一下，“海市蜃楼”在日语中被称为“蜃气楼”，源自中国传说。在中国古代传说中，海市蜃楼是由“蜃”吐气而形成楼阁的幻影。英语的mirage源自法语，是“镜子中的样子”的意思。此外，也被称为“摩根勒菲”（亚瑟王传说中出现的魔女）等。

图14-1　岛屿的海市蜃楼（出自：http://virtual.finland.fi/finfo/english/mirage.html）

图14-2　向上延伸的日本关西国际机场联络桥和临空门大厦

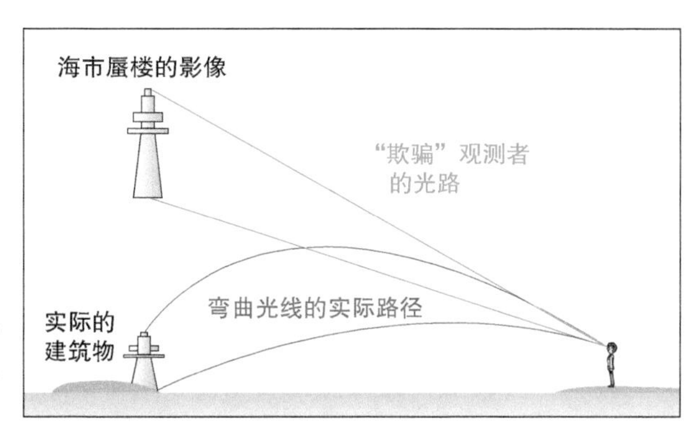

图14-3　看起来像漂起来的海市蜃楼

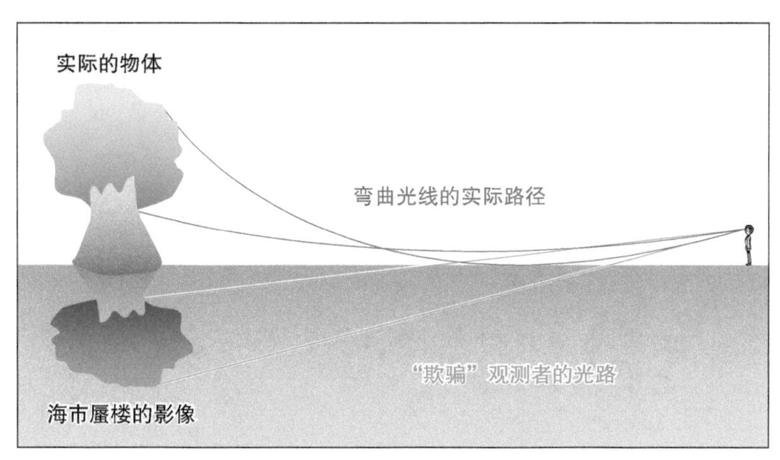

图14-4　倒立的海市蜃楼

图14-5　冰山的海市蜃楼（出自：http://www.phys.ufl.edu/^avery/course/3400/gallery/gallery_atmosphere.html）

15. 火和火焰

“火”（fire）和“火焰”（flame）能燃烧掉所有东西。人们看到火时，有时会想到圣洁之火，也有时会想到地狱之火。作为圣洁之火的代表，奥林匹克圣火是非常有名的。在日本京都的节分祭中，人们用火焚烧写了名字和年龄的人偶来祈求一年的健康。此外，在京都的盂兰盆节，从8月16日晚上8点开始，人们按照大字山、妙法、舟形、左大字山以及鸟居的顺序，点燃环绕在京都的五座山上的灯火。这个被称为“大字五山送火”的京都的传统活动，是用于送走盂兰盆节的精灵的净化之火。伴随着8月16日的“送火”，京都炎热的夏天就结束了。

图15-1 **最终日的净化之火**

火和火焰依照其种类不同，显示出各种颜色。例如蜡烛的火焰，因为火焰中含有的碳被加热而放出强光，看起来是红色的。而煤气炉的火焰是气体直接燃烧发出的，温度很高，所以看起来是蓝色的。但是，煤气炉上的锅中的酱汤撒到火焰中时，火焰变成黄色。这是因为酱汤中的食盐中的金属钠在发光。

图15-2　**煤气炉和蜡烛的火焰**

图15-3　**森林火灾（照片提供：John Mc Colgan,Alaska Forest Service）**

16. 火焰的颜色

火和火焰根据其种类不同会显现出各种各样的颜色。比如，碱金属和碱土金属等较容易挥发的化合物受到强热时，火焰会显示出其特有的颜色。这被称为“焰色反应”。挥发物的金属原子被激发而产生明线光谱，在其中的可见光光谱内的明线强的时候，这种特有的火焰颜色就会显现出来。实际上，用棱镜观察火焰，则会看到特有的明线光谱。

锂	Li	红色
钠	Na	橙黄色
钾	K	紫色
铷	Rb	深红色
铯	Cs	青紫色
钙	Ca	橙红色
锶	Sr	深红色
钡	Ba	黄绿色
铜	Cu	青绿色

图16–1 焰色反应的元素和对应的火焰的颜色

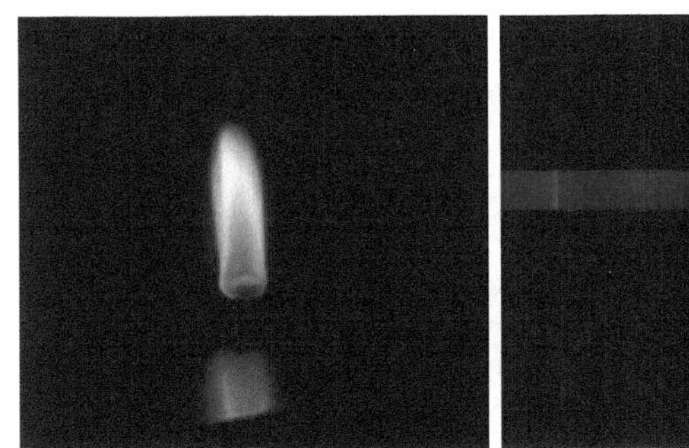
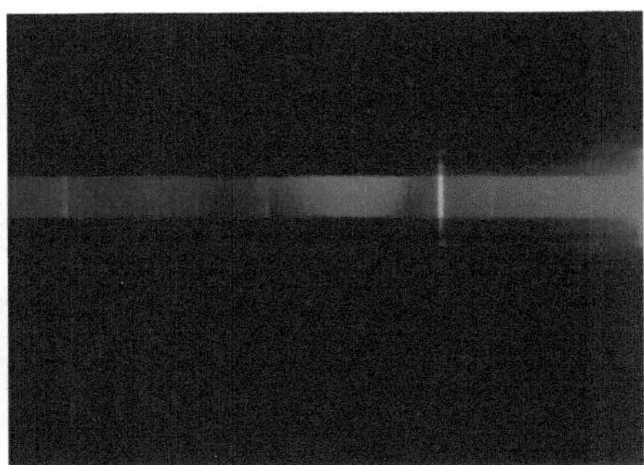

图16-2　锂-锶的火焰和光谱

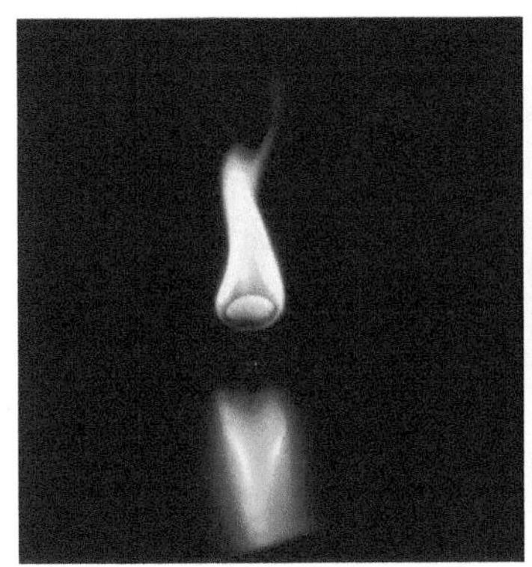

图16-3　钠的火焰和光谱

图16-4　钾的火焰和光谱

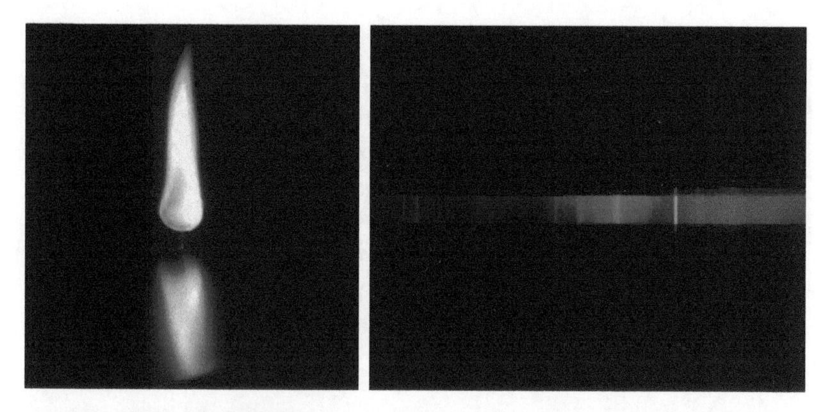

图16-5 钙的火焰和光谱

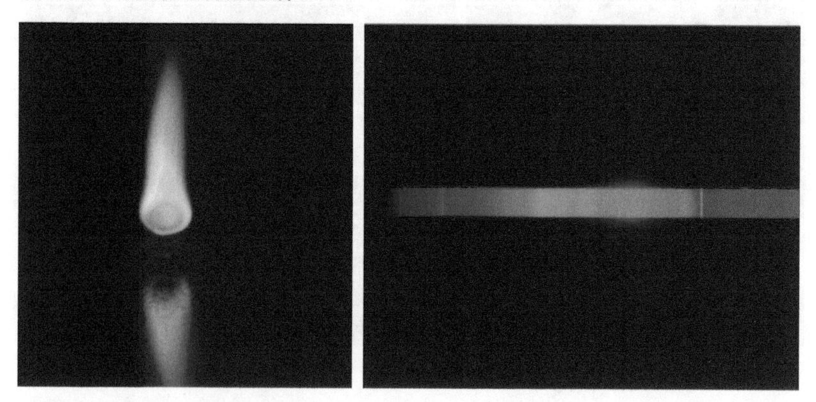

图16-6 钡的火焰和光谱

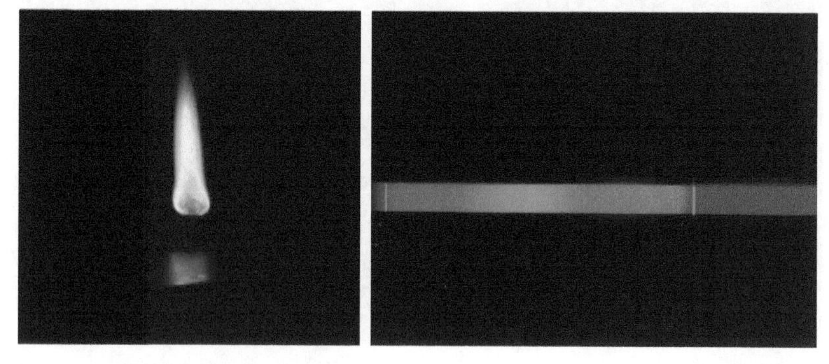

图16-7 铜的火焰和光谱

17. 大地的颜色

如果被问到大地是什么颜色，我们会想到什么呢？如果看地球的卫星照片，就会发现陆地的颜色中比较显眼的是山地的绿色和沙漠的茶色。但大地是更丰富多彩的，地点不同，其颜色也不同。

如果离得远一些看，就会发现田野的颜色随着植物成熟的程度而时刻发生变化。在休耕期间是土的颜色，如有作物时则是绿油油的颜色，开花时期的油菜花田是鲜艳的黄色。然后，在果实累累的秋天，也能看到金色的稻田和麦田。

另一方面，在没有植被的大地上，有全是土的地方，也有都是岩石的地方，那些被称为自然遗产的地方看起来是比较有特点的。

例如，美国科罗拉多大峡谷的红褐色、黑色和白色的纹状地层让人印象深刻。红褐色部分是由其中含有的氧化铁造成的，黑色部分是地球缺乏氧气时形成的地层，白色的部分是砂岩或石灰岩。在非洲广阔的沙漠中，有布满红褐色砂子的地方，也有都是黑色石头的地方，也有被白色的石灰岩覆盖的地方。

春天向日本飞过来的黄沙的源头是中国的黄土高原。黄土使流过高原的河染上颜色，这就是黄河。并且，被黄河搬运的黄土覆盖着这个流域中的大地。“黄土色”这个说法就是来源于黄土。与其颜色基本相同的黏土在日本西部也是多见的，自古就用来建造土墙。此外，在日本的很多火山山脚处，有很多被火山灰覆盖的黑土地。

日本的地面多已被沥青或混凝土覆盖，地面外露的地方已经很少了。但即使是这样，如果到郊外的山上散步，也会看到山体外露的大地的颜色。

图17-1　**阿拉斯加的山地**

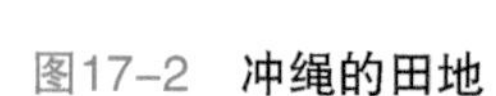

图17-2　**冲绳的田地**

图17-3　**科罗拉多大峡谷**

图17-4　白沙漠

图17-5　黑沙漠

图17-6　撒哈拉沙漠

图17-7　黄土高原（照片提供：绿色地球网络）

18. 岩石的颜色

地球的岩石基本分成三类。一类是火山岩浆冷却后形成的“火成岩”（igneous rock），一类是大地被切割而形成的石、砂、泥土等在海底沉积，被挤压固定后形成的“沉积岩”（sedimentary rock），还有一类是火成岩或沉积岩上有大的压力或高热量施加后形成的“变质岩”（metamorphic rock）。

火成岩的颜色，是由岩浆中原本有的物质和怎样冷却而决定的。岩浆中熔解有各种各样的矿物质，这些矿物质中既包括有色的，也包括白色或透明的。玄武岩和辉长岩因含有很多有色矿物质而显现出黑色，岩浆急剧冷却而未能结晶化的玄武岩，整体呈现均匀的灰色。缓慢冷却形成的结晶质的辉长岩，在黑底上混杂了白色斜长岩结晶的斑点。

作为建筑材料和墓石而广为人知的花岗岩，是在白底上混有黑色的斑点。除了混有长石结晶的普通花岗岩外，还有带浅红色的粉色花岗岩。另外，与花岗岩的成分基本相同，但因急剧固化没有成为结晶质而成为玻璃质的岩石，被称为黑曜石，正如其名，黑色的比较多。黑曜石在石器时代主要作为箭头和匕首使用，不过也发现了用混有氧化铁的发红的黑曜石制成的石器。

沉积岩的颜色依照不同的成分沉积而不同，不过含有氧化铁成分，则成为红色、粉色、黄色的石头，如含有没有氧化的铁矿物，则会成为蓝色或绿色的石头。

沉积岩中也有砂和岩石之外的物质沉积而成的，海洋生物的残骸残留在海底沉积而成的石灰岩，白色，呈酸性，易溶于水。海水中的盐分析出、沉淀后形成的岩盐，根据其结晶的结构，有白色的也有彩色的。

变质岩中最有名的，是石灰岩受到热和压力而形成的大理石。石灰岩是白色的，大理石也基本是白色的，但依照其杂质的混合比例，也有粉红的或绿色的大理石。

图18–1　**花岗岩和粉色花岗岩**

图18–2　**石灰岩（岩石提供：山口弘）**

图18–3　**大理石（岩石提供：山口弘）**

图18–4　**黑曜石。在裂缝中有光线射入，由于干涉形成彩虹的颜色（岩石提供：山口弘）**

19. 宝石的颜色和光辉

经过打磨而显示出美丽光辉的宝石，在任何时代都是非常吸引人的。虽然都是石头，宝石却具有其他岩石不具有的鲜艳颜色以及透明感。与岩石一样，构成宝石的也是矿物质。就像生物是小细胞聚集的一样，岩石是小矿物聚集而成的，但宝石是大块矿物聚集成的，也就是大的矿物结晶。

在宝石中最被人们喜爱的是“钻石”。钻石对光的折射率在矿物质中是最大的，如将钻石表面打磨好，就会显现出非常美丽的光辉。矿物质的硬度依其种类而不同，钻石的硬度最高，因此表面不会被划伤。具有这两个特征正是钻石被人们喜爱的理由。

即使是钻石等无色透明的矿物质，如果结晶表面和内部发生光的吸收，看起来也是有颜色的。

例如氧化铝（Al_2O_3）的结晶矿物刚玉是无色的。但如果其中1%左右的铝（Al）变成铬（Cr）和铁（Fe），就会吸收绿色至蓝色的光和紫色光，照射白光时会只显现出红光。这就是红宝石。同样，如果1%左右的铝（Al）变成铁（Fe）和钛（Ti）时，黄色至红色的光线被吸收，通过结晶的光线是蓝色光。这就是蓝宝石。

水晶因其含量丰富，不能称得上是宝石，而被称为贵石。无色透明的水晶中也有带颜色的。无色透明的二氧化硅（SiO_2）结晶的0.01%左右的硅（Si）变成铁（Fe），再用放射线照射时，结晶中的电子会失去，从而变成紫色或黄色。

在排列规则的球状二氧化硅（SiO_2）结构中，光会发生衍射而成为猫眼石，两种长石（SiO_4）成为重合的薄层而引起光线的衍射时，就会成为闪烁蓝光的月长石。这些颜色被称为结构色。

图19-1　钻　石

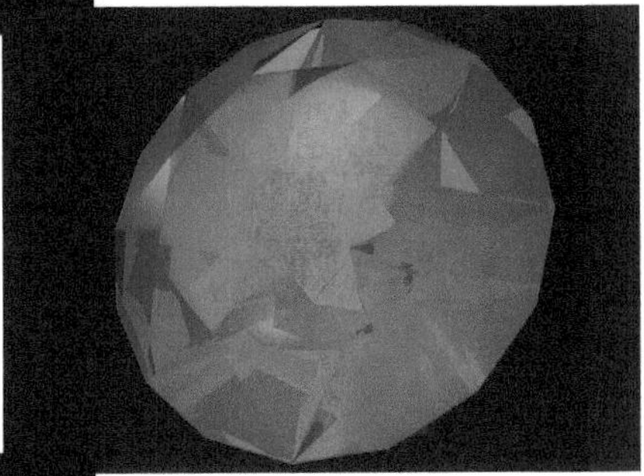

图19-2　红宝石

图19-3　蓝宝石

图19-4　水　晶

图19-5　紫水晶

图19-6　黄水晶

图19-7　猫眼石

图19-8　月长石

20. 海的颜色

潜入海中抬头看太阳，就会看到在海面附近的白色气泡随着深度变深，会呈现蓝绿色。并且，在更深的地方以及环境不同的海中，其亮度和蓝色程度也不同。从颜色的变化也可看出，照射到海面上的太阳的白色光，不是都能到达海水深处的。

首先，并不只是海水，可见光通过水中时会被水分子吸收。将水倒入杯子中，水看起来是无色透明的，这是因为水吸收的光是很少的。但积少成多，当光在水中前进几米的距离时，光的吸收就不容忽视了。此外，波长越长则吸收的比例越大，在水深7米处左右，可见光中波长最长的红色光的光量的99%会被吸收掉。白色光也变得不是白色了。

从陆地上看到的海的颜色，是太阳光进入海水中被吸收或散射后，再从海面射到空气中的光的颜色。海水中吸收和散射光线的介质，实际上不只是水分子，也有浮游的颗粒和溶解在海水中的物质。例如，海水中含有较多具有叶绿素的浮游植物时，浮游植物不吸收绿色，从而使海水的颜色变成绿色。

在水深小于30米的浅海岸的海中，海底的状态也会影响海的颜色。南方的海中，浮游物质少、透明度高，光线被海底的珊瑚和白砂散射后，波长较长的红光至黄光被吸收，因此看起来是“美丽清澈的蓝色”。在透明度高、海底为茶色砂子和岩石的海中，多数颜色在海底被吸收，因此看起来是深蓝色的。

从营养贫乏的南方海洋中流过来的暖流，其透明度是很高的。此时，海水中充满了最不容易被吸收的蓝色光线，因此暖流看起来是深蓝色的。

图20-1　照射到海中的阳光（左：屋久岛，右：庆良间）

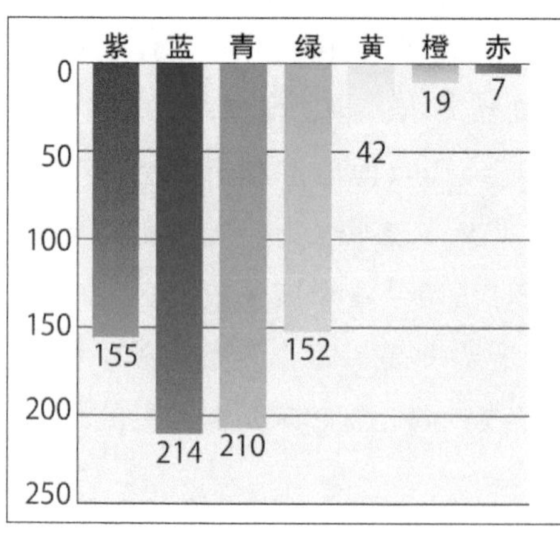

图20-2　光线在海水中前进的距离引起的颜色差异（引用：日本海水学会编《有趣的海洋–想知道的海洋Q&A》工业调查会）

图20-3　红光无法到达水深15米处，导致红色和黄色看起来是黑色的，白色看起来是青色的（左：闪光灯开启时拍摄，右：闪光灯关闭时拍摄）

图20-4　庆良间的海

图20-5　屋久岛的海

图20-6　暖流流经海域深蓝色的海

21. 湖水的颜色

北海道的摩周湖是世界上透明度最高的湖之一。这里没有流入的河流，雨水是摩周湖唯一的水源。所以摩周湖的湖水几乎不含有杂质，现在也保持着将近30米的透明度。在营养贫乏的湖水中几乎没有生物存在，因此照射到湖水中的光几乎只被水分子的振动所吸收。波长越长则越容易被吸收，最后无法被吸收的蓝色光散射后射出湖面。被称为“摩周之蓝”的美丽的蓝色，就是这样产生的。

日本有很多蓝绿色的湖，是因为营养丰富的湖水中繁育着具有叶绿素的浮游植物。浮游植物和微颗粒多的湖水，其颜色略显黄色。

美国黄石国家公园的温泉群因其美丽的色彩而闻名世界。在冒着蒸汽的温暖的（有的是很烫的）温泉池中，溶解的矿物质丰富，生存着特殊的细菌。因此温泉水呈现出通透的蓝色和美丽的翡翠绿。

在黄石更北边的冰川附近，有冰川湖存在，具有代表性的是加拿大的班夫国家公园中的路易斯湖。路易斯湖呈翡翠绿色，被称为“加拿大洛基的宝石”。冰川开始融化后，水聚集在洼地而形成冰川湖，与此同时被称为冰川粉的非常细小的岩石颗粒和黏土也进入湖中。受这种冰川粉的影响，冰川湖的湖水看起来是翡翠绿色的。

图21–1　摩周湖

图21–2　黄石的温泉池

图21–3　冰川湖路易斯湖

22. 河水的颜色

水流缓慢的河面像镜子一样，反射光线，映出景色。如果水是透明的，在光反射少的地方，可以非常清晰地看到河床。水流较快的河面上有波澜，被河床反射的光也无法射出河面，所以河床的样子看起来是歪曲的。水面的波澜可以起到透镜的作用，形成光线聚集的地方和不聚集的地方，光的浓淡就像编织的网一样映在河床上。配合水面的一点点晃动而摇摆的光影，是让人心情舒畅的光的作品。

另一方面，河水中含有杂质时，其颜色会多种多样。含有浮游植物多的河水呈绿色，在日本较为常见。中国的黄河因黄土高原的黄土流入而变成黄土色的水。美国的科罗拉多河，因冲刷科罗拉多大峡谷的含铁地层，夹带着红褐色的砂土流动而呈现红褐色，最早发现这条河的西班牙人称其为“红色河流”。不过在水中泥沙量少的时期，这条河流是绿色的。

科罗拉多河的支流——小科罗拉多河，虽然带有“科罗拉多河”的名字，却呈现出完全不同的蓝绿色。这是由溶解的矿物质显现出的颜色。在这条河中，石灰成分逐渐析出，形成白色河床和河岸，装点着蓝绿色的河流。

此外，冰川融化形成的水流中含有细小黏土，是白色浑浊的。积雪融化形成的河流和冰川融化形成的河流交汇后，两种河水不会马上完全融合在一起，这时就会看到一条河流中有两种颜色的水，这是很奇特的。

综上所述，河水的颜色也是多种多样的。

图22-1　屋久岛淀川的上游

图22-2　屋久岛白谷川

图22-3　屋久岛宫之浦川

图22-4　黄土色的黄河水

图22-5　积雪融化后的透明水流（左侧）和冰川融化后的乳白色水流（右侧）汇合

23. 冰川的颜色

雪花从落到地面并开始堆积的那一刻起，就从表面能量高的复杂形状开始变为能量低且稳定的球形。并且，即使在炎热的夏天，高山上的积雪，也在岁月的流逝中变成了坚硬的冰。不久冰就会因重力而开始下滑，成为冰川。

虽然说是川，但冰川在我们看来，是没有移动的。但如果进行测量，就会发现冰川每年移动几十米至几百米。不过冰是固体，各部分的移动速度是不同的，这就导致各部分的拉伸、压缩的应力不同，导致冰川撕裂，形成被称作“冰隙”的裂缝。

冰川中含有大量气泡，射入其中的太阳光会被透射、折射和反射，使冰河看起来是白色的。但是，这只是表层现象，如果观察冰隙，则会发现裂缝的冰显现出通透的蓝色。这是为什么呢？

无色透明的冰川的冰看起来几乎不吸收可见光。但实际上可见光线会被吸收一点点。波长越长则被吸收的越多，红光被吸收掉的量是蓝光的10倍。因此，通过冰的光随着在冰内部前进的距离增加而逐渐变成蓝光。冰融化后形成的水也会产生相同的现象。

光线通过冰隙的细小裂缝进入冰的内部，在气泡和冰的边界面上发生折射和反射，然后在冰块内部继续前进。这与在冰川表层上发生的现象其实是基本相同的，但由于裂缝狭窄，因此光不容易出来，而在冰川内部前进较长的距离。当光终于能从裂缝中出来并射向上空时，红光等波长较长的光都已消失，因此进入观察冰隙的人的眼睛中的只剩蓝光了。

图23-1 从加拿大的哥伦比亚冰原中流出的阿萨贝斯卡冰川

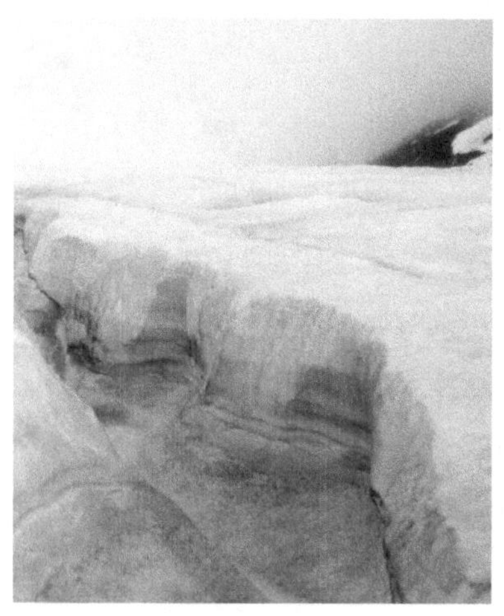

图23-2 冰川的裂缝——冰隙。深的部分有少许的蓝色

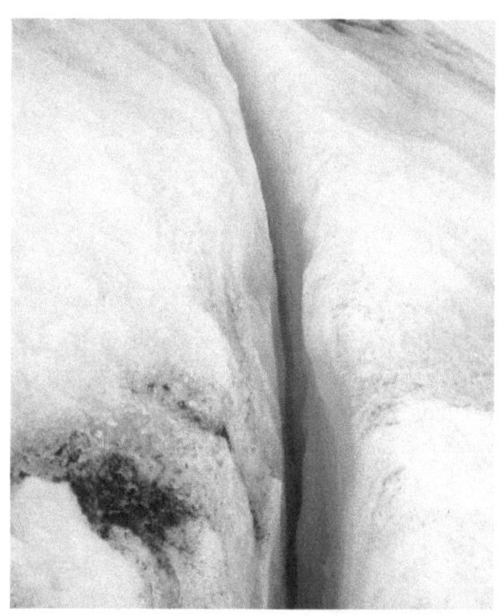

图23-3 看起来是蓝色的冰川的冰隙

第 4 章

生物的颜色和生命的光辉

并不是只有星体和地球才有光和颜色，地球上的生物中很多也具有发光机制。最后让我们来介绍一下这样的生物和我们人类自身的颜色差异。

1. 生命在黑暗中诞生

距今约40亿年前发生了一件大事，那就是生命诞生。生命是怎样诞生的现在还不清楚，通常认为是在含有大量碳、氧和氮的原始海洋中，因电击等的能量作用形成复杂的有机物，然后形成氨基酸和碱基、糖等生物的各要素。

氨基和羧基结合形成的高分子化合物是蛋白质。蛋白质是构成生物体结构的最基本要素，同时也掌管酶和荷尔蒙等的生物功能。像这样从氨基酸至蛋白质的流动被称为“蛋白质世界”（Protein world）。

另一方面，糖与磷酸和碱基结合生成称为核苷酸的结构单

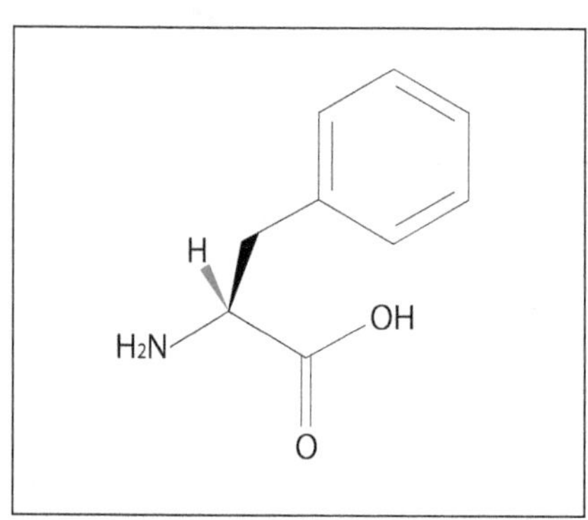

图1-1　氨基酸的一种，苯基丙氨酸。这样简单的分子是生命的要素

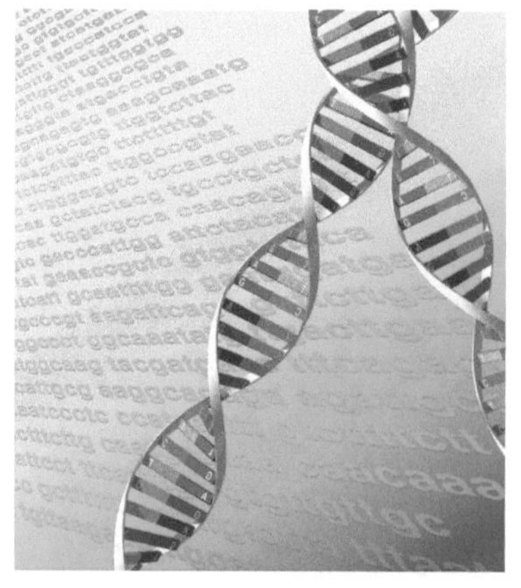

图1-2　DNA结构单元核苷酸连接成的类似扭曲的梯子的双螺旋结构

元，核苷酸连接在一起形成核糖核酸RNA和脱氧核糖核酸DNA。RNA的碱基排列传递着生命的遗传信息。这被称为“RNA世界”（RNA world）。

通常认为，主宰生命信息的RNA世界和形成生命体的蛋白质世界相遇，造就了生命。

生命在之后变得极为多样化，由于分子生物学的不断发展，人们已经在基因水平上清楚生物进化的相互联系。进而我们将现在的生物界分为细菌（bacteria）、古细菌（archaea）、真核生物（eucarya）这三个域（domain）。作为细胞组织，细菌和古细菌都是不具有细胞核的原核生物。因此，之前两者被认为是相同系统，但通过比较核糖体RNA基因，发现如同细菌和真核生物不同一样，细菌和古细菌也是不同的。此外，在具

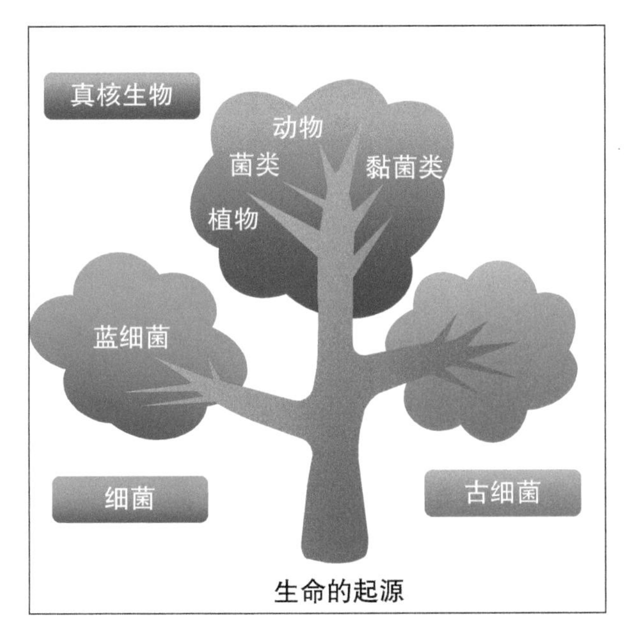

图1-3　生命的起源。生物可分为三个域

有细胞核的真核生物的分枝上，还有黏菌类、菌类、植物、动物的小分枝。在动物的小分枝——哺乳类这个细小分枝的前端，有一个小小的刺状突起，这就是人类。

如果反向观察系统发生树，则会发现在根部的生物，都是厌氧性且喜欢高温环境的“超嗜热菌”。生命诞生时的地球，曾经是多样化的后代生命无法生存的高温环境。人们在海底发现了喷出热水的孔洞，在那样的高温环境下会发生有机物合成。也许在深海的黑暗中，现在也有新的生命诞生。

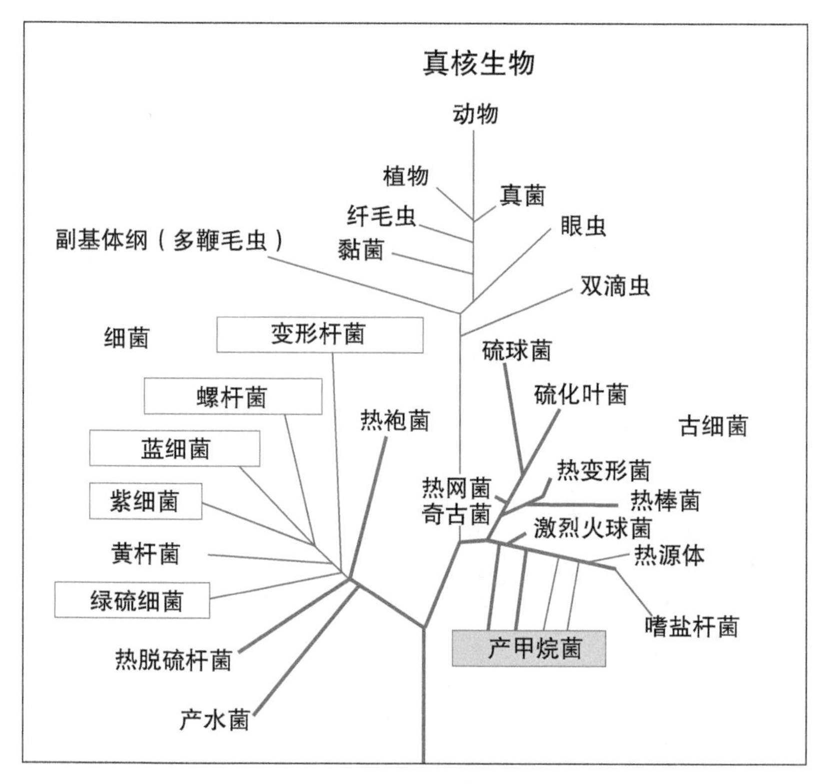

图1–4　基于细胞内核糖体RNA制作的系统发生树。用方框圈起来的是光合成生物所在的细菌群。粗线是超嗜热菌

图1–5　海底黑烟柱（blacksmoker）（出自：http://mintaka.sdsu.edu/faculty/wfw/CLASSES/ASTROBIO/blacksmoker.jpg）

图1–6　超嗜热菌Thermococcus kodakaraensis（照片提供：今中忠行）

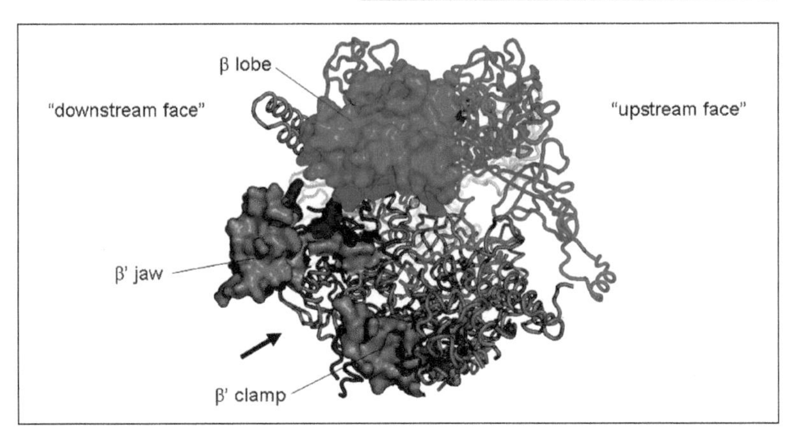

图1–7　嗜热菌的蛋白质是耐热的
（出自：http://www.biochemsoctrans.org/bst/034/1067/bst0341067a03.gif）

2. 开始进行光合作用的原始微生物

环顾地球就会发现，几乎所有的生物都直接或间接地接受着太阳的恩惠。但是，直接利用太阳光的生物的出现，是距今约27亿年前，也就是在生命诞生后又过了一段时间的事情。那么为什么是27亿年前呢？这是因为那时在地球内部形成了流体核（即地球核心的流体部分），地球的地磁场变强的缘故。

在地磁较弱的时代，不单是太阳光，从太阳吹来的等离子风即“太阳风”（solar wind）也是直接到达地面的。太阳风含有射线和带电粒子，具有能杀伤生命的高能量。此时，生物无

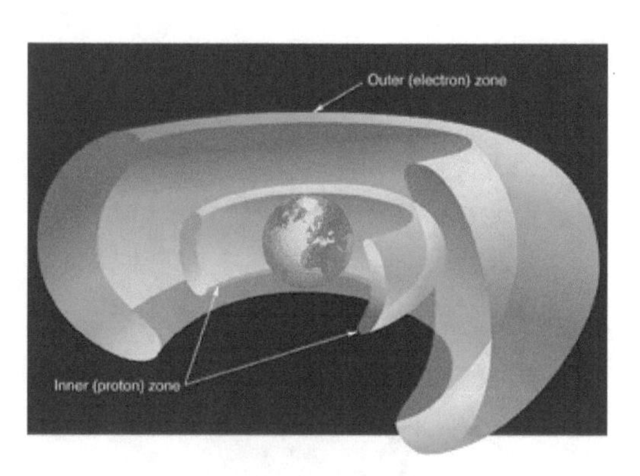

图2-1　**地球磁场圈和范艾伦辐射带。范艾伦辐射带貌似面包圈，环绕地球，是具有内带和外带的双重结构**
（选自：http://www.aero.org/publications/crosslink/summer2003/images/02_03.gif）

法生存在太阳风会吹到的地表附近，而是深潜在海底。但是，27亿年前在地球内部形成了熔融的流体核，因电磁流体的发电作用使地磁场变强，形成地球磁场圈（范艾伦辐射带），太阳风开始无法进入该磁场圈。

太阳风无法吹到地面上之后，在太阳光能照到的浅滩上，产生了能进行光合作用的微生物，不久就诞生了通过光合作用产生氧气的“蓝细菌”（cyanobacteria）。

蓝细菌产生的氧气，最开始用于将原始海洋中含有的大量的铁离子氧化而被消耗掉，所以没有散发到大气中，7亿年左右的时

图2-2　蓝细菌。属于细菌，也被称为蓝藻

期内一直在形成氧化铁。现在的条带状含铁建造（banded iron formation）多数是在这个时期形成的。约20亿年前海水中的铁完全消失，从此以后氧气终于开始在大气中蓄积。氧气逐渐增加并变为地球大气的主要成分，在此过程中，氧形成的臭氧层开始环绕地球。臭氧层开始吸收太阳光中对生命具有杀伤力的高能量紫外线，因此对生命来说，海水中和地面上都变成了安全的区域。

此外，蓝细菌和泥沙等堆积而成的岩石就是著名的叠层岩（stromatolite）。

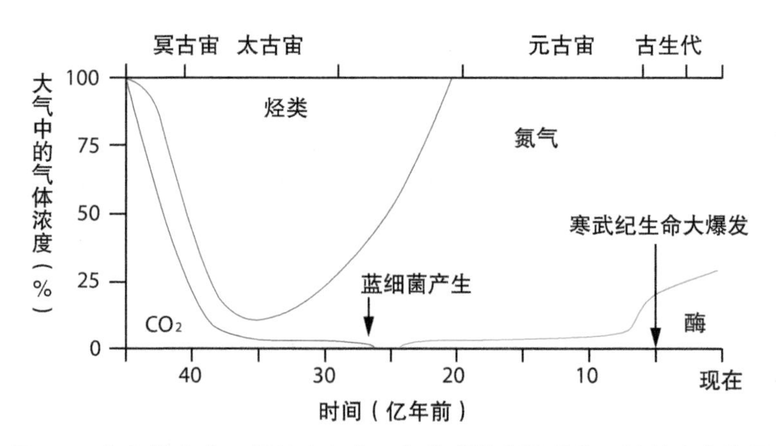

图2-3　氧气的产生。原始大气中二氧化碳是主要成分，随着光合作用生物的出现，氧气增加，逐渐变成现在的大气

实际上氧气对初期的地球生命也是有杀伤力的。但利用氧气可高效率地得到能量，因此利用氧气和太阳光的生命开始逐渐变多，进化的生命开始扩展到地面这个新的前沿领域中。

图2–4 澳大利亚鲨鱼湾的叠层岩（stromatolite）。变成化石的叠层岩残留在世界各地，但现在只存在于鲨鱼湾等很少的水域中

3. 闪光的蘑菇

蘑菇（mushroom）是与霉菌相同的菌类生物。与多数植物通过散播种子散播自己的子孙不同，蘑菇是通过散播孢子留下自己的子孙。与通过光合作用生产自己所需养分的植物不同，蘑菇通过分解植物的叶子、枝杆和动物的身体等，也就是通过分解其他生物的有机物来吸收养分而生存。

在湿度较高的日本，蘑菇是很常见的，其中有香菇和丛生口蘑等可食用的蘑菇，也有有毒的颜色鲜艳的蘑菇。在各种各样的蘑菇中，也有发光的特殊蘑菇。

在日本常见的发光蘑菇主要有两种：一种是群生于日本本州冷温带山毛榉林中的枯树干和倒木上的月夜蘑（*Omphalotus guepiniformis*），另一种是分布在八丈岛或小笠原诸岛等热带地区的夜光蘑（*Mycena lux-coeli*）。

两者都会在黑暗处散发出神秘的光芒，特别是夜光蘑很小，但光线很强，在夜光蘑下几乎可以读书。这种夜光蘑已经可进行人工栽培，现在人们正在探讨将其作为观赏用、新发光

图3-1　夜光蘑。发出绿色荧光

材料应用的可能性。同时，由于其具有很强的免疫力，人们也在探讨将其作为今后健康食品商品化的可能性。

而月夜蘑是有剧毒的，食用会引起严重的食物中毒。日本的平安时代的《古今物语集》中，也有被称为“和太利”的毒蘑菇记载，这就是现在所说的月夜蘑。月夜蘑看起来像是香菇或平菇，所以现在偶尔也有人会误食。

日本是喜欢蘑菇的民族。虽然有“什么蘑菇都可以尝一次”的说法，但我们要记得，有些蘑菇吃一次可能就会丧命，因此要慎重对待。

那么为什么这些蘑菇会发出光芒呢？理由尚不明确。

图3-2　**月夜蘑。在黑暗中发出蓝白色的光（照片提供：波多野英治）**

图3-3　**夜光蘑（照片提供：波多野英治）**

4. 苔藓的颜色

植物中有喜欢朝阳的“喜阳植物”，也有喜欢背阴的“喜阴植物”。但是，两者都是植物，没有光合作用就无法活下去。因此在阴凉处生长的植物，虽不用担心水分，但需要具备在太阳光较弱的昏暗环境中也能充分进行光合作用的机制。

在日本庭院中通常都有绿色的苔藓（bryophyta）丛生，在盆栽中苔藓也是必不可少的，最近在室内生长的苔藓球受到年青人的喜爱。日本人从古至今都喜欢苔藓。那么，苔藓是喜阳

图4–1　**苔藓丛生的场景屋久岛白谷云水峡**

植物，还是喜阴植物呢？

苔藓是喜欢潮湿场所的喜阴植物。但仔细观察就会发现，在阳光能照到的向阳处也能看到很多苔藓，这是让人很意外的。如果在向阳处也能生存，为什么具备喜阴植物的机能呢？

实际上，苔藓本身并没有在身体中存储水分的功能。那么我们会觉得好奇，为什么苔藓能在干燥的向阳处生存呢？苔藓有个惊人的技能。那就是因干燥而失去水分时，苔藓会停止呼吸和光合作用，进入休眠状态。

在降霜的清晨，以及有雾水和雨水的时候，苔藓会得到水分的供给而复活，开始进行光合作用。此时太阳的阳光也会变弱变暗，因此即使在向阳处生活，苔藓也是喜阴植物。

19世纪末，莫斯绿（moss green，直译就是苔绿色）这种稍微暗淡的绿黄色作为新颜色在欧美一度流行。日本在近代已有了“苔藓色”，但其与莫斯绿不同。

图4–2　**苔藓球**

实际上，苔藓的颜色是多种多样的，并不只是“暗淡的黄绿色”，也有红色、胭脂色、紫色或白色。日本人自古以来就喜欢有苔藓的庭院，所以非常敏感地注意到了各种苔藓颜色。

图4-3　**桧　藓**

图4-4　**金发藓**

图4-5　**地钱藓**

图4-6　**大灰藓**

5. 多彩的黏菌

大家是否见过被称为“黏菌”（slime mould /slime mold）的生物呢？它与蘑菇、霉菌是不同的。虽然黏菌和蘑菇、霉菌一样，通过孢子进行繁殖，但飞出的孢子发芽会产生一只变形虫，这个变形虫与异性结合会成为变形体。这个黏菌的变形体，正如其名，一边使自己的身体形状变形一边移动，靠吃细菌等微生物而长大。因此黏菌也被称为变形菌，既像植物或真菌，也像动物，是一种不可思议的生物。但是，其活动的速度只有每小时几厘米，因此看起来也不觉得它在挪动，很多时候会被错认为蘑菇、霉菌或地衣等。

图5-1　煤绒菌（照片提供：林盛幸）

图5-2　鹅绒菌（照片提供：林盛幸）

黏菌的变形体有时能有几厘米至一米，但制造孢子的子实体几乎都只有几毫米，很多时候不会被注意。但是，其形状是有趣的，并且是五颜六色的。成长后集中在一个地方的变形体会分裂生成很多的子实体，在森林中注意看，就会偶尔遇到具有不可思议的形状和颜色的小块。

黏菌有时会根据环境改变颜色，其色素成分和植物不同。除了色素，从黏菌中提取出的物质中，还有些具有抗菌作用，人们正在研究是否可以将其作为新药的原料。

图5-3　发网菌（照片提供：林盛幸）

图5-4　粉瘤菌（照片提供：林盛幸）

6. 新绿的森林和叶绿素

樱花凋零后过一段时间，山上的树木就会一下子生出新芽。在夏天几乎是相同绿色的树叶，在这个时期却会显现出微妙的不同，各种绿色遍布山中。

进行光合作用的所有的植物都具有所谓的光合作用色素。光合作用色素中最基本的是叶绿体中含有的“叶绿素”（chlorophyll），它能吸收太阳光的能量。

图6–1　遍布新绿的山

那么，叶绿素吸收的光线即植物在光合作用中需要的光是什么颜色呢？由于几乎所有树木的叶子都是绿色的，因此可能好多人不假思索便说是绿色，但实际上叶绿素吸收的是红光和蓝光。也就是说，照射到叶子上的太阳光中，只有在光合作用中没有被使用的绿光被反射，因此植物的叶子才看起来是绿色的。

图6–2　绿色的小路

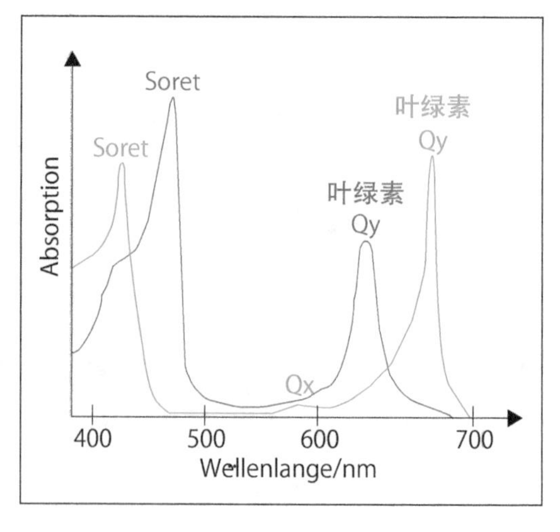

图6–3　叶绿素的吸收光谱。叶绿素a（绿线）和叶绿素b（红线）会吸收蓝光和红光
（出自：http://en.wikipedia.org/wiki/chlorophyll）

但是几乎所有的植物中，除了叶绿素之外，还含有被称为“胡萝卜素”（carotene）的黄色至橙色的光合作用色素。

在发芽的时期，嫩叶显现出各种黄绿色，这是因为新芽中叶绿素储备还不是很充足，因此我们看到的是胡萝卜素的黄色和叶绿素的绿色混合的颜色。接受日光而开始进行光合作用后，叶子中的叶绿素数量就会逐渐增加，不久胡萝卜素的黄色就几乎看不到了，从而呈现出几乎相同的深绿色。

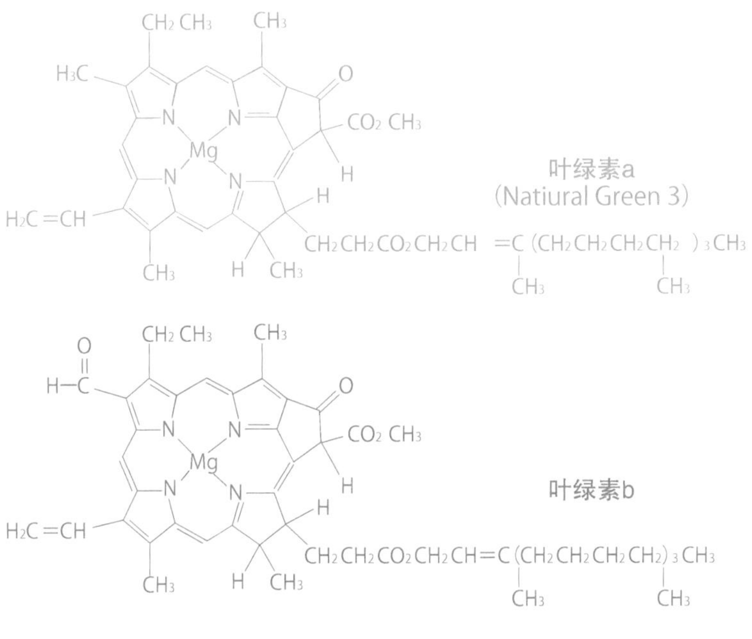

叶绿素a
(Natiural Green 3)

叶绿素b

图6–4　叶绿素的分子结构。叶绿素a（上）和叶绿素b（下），在左上角的部分有少许不同

7. 绿叶和白斑

光合作用是植物为了维持自己的身体生长，通过叶绿素吸收太阳光中的能量，将水和二氧化碳转化为有机物的功能。我们注意观察就会发现，无论是树还是草，其叶子的生长都是很有趣的。自己无法行动的植物，为了能最大限度地接受太阳光，会尽量舒展开叶子。

有时我们会看到有的植物的绿叶上有白“斑”，很多时候这是由叶绿体细胞生长异常造成的。白斑部分会将所有太阳光反射掉，无法进行光合作用。这种不利于生长的带斑变种，在自然界中原本是应该被淘汰的，但是，因其罕见而作为园艺品种被珍藏。很多植物都有带斑的品种。

图7-1　**绿叶。叶子不会相互重叠**

另外，在观叶植物中也会经常看到带斑的叶子，不过这个斑不是因为细胞的异常，而是因为细胞密度减少产生间隙。进入细胞间隙中的光被不规则反射，因此看起来是白色的。但是，其作用是什么尚不清楚。

图7–2 带斑的叶子

8. 红叶和花青素、黄叶和胡萝卜素

夏日里植物的繁茂绿叶，到了秋天会变成各种各样的颜色。以枫树为代表的落叶阔叶树，不久之后就会丢掉叶子以便过冬。

到了秋天，气温下降，空气变得干燥，叶子的水分会变得容易蒸发。气温的下降使根部活动衰退，吸水能力减弱。此时这种树木，需要丢掉叶子来度过低温和干燥的冬季。

通过温度传感器感觉临界气温的植物，在叶柄的根部会形成被称为“离层”的组织，止住水流。但即使形成了离层，也会继续进行一段时间的光合作用，在叶子中会有糖分蓄积。于是多余的糖分会合成出“花青素”（anthocyan）这种红色色素。之后叶绿体会被分解而逐渐消减，叶绿素的绿色消退而花青素的红色显现时，叶子就会看起来是红色的。

与叶绿素一样，叶子中含有的“胡萝卜素”（carotene）等黄色色素，夏天在叶绿体中能够辅助光合作用。在形成离层之后，胡萝卜素也被分解，但其分解的过程与叶绿素相比进展缓慢，因此也有在变成红色之前先变成黄色的叶子。此外，也有不形成花青素的山毛榉和银杏等植物，其树叶会因胡萝卜素的黄色变成黄叶，直到最后脱落。

漆树及其同类会比其他树木更早变成红叶，所以在初秋的山中是非常醒目的。不过其果实却不是很醒目，看起来也不像好吃的样子。因此有学者认为，这种植物在初秋就会很早地变成红叶，是在向吃果实的野鸟表现自己。但是，很早变成红叶，代表着需要尽早停止光合作用而放弃储备营养，可以说这是为了留下子孙而牺牲自己的做法。

在冬天也不落叶的常绿树中，野梧桐等会有红色的嫩叶。红色嫩叶的产生原因，和秋天红叶的产生原因基本相同，即在叶子中含有花青素。花青素也会屏蔽有害的紫外线，起到保护嫩叶内部的作用。在春天迎接新叶的常绿树，当新叶形成时，老的叶子会形成离层，作为红叶散落。虽然不是秋天，常绿树也会变成红叶。

图8-1　**红　叶**

图8-2　鸡爪槭（*Acer palmatum*）的红叶（照片提供：Chihaya Nature and Astronomy Museum）

图8-3　野梧桐的红色新芽

9. 放弃光合作用的白色植物

植物能够通过光合作用来制造自身需要的营养，因此被称为“自养生物”（autotroph）。而无法自己制造需要的营养的动物被称为“异养生物”（heterotroph）。但是，在本来是自养生物的植物中，也有放弃光合作用，靠剥夺其他生物的营养生存的，它们被称为“寄生植物”（parasite）或“腐生植物”（saprophagy）。

图9–1　**帽蕊草**

属于寄生植物的帽蕊草会寄生在橡子树的树根上，将树木光合作用制造出的营养，利用自己浓密的根吸收过来。因不需要自己进行光合作用，帽蕊草不再需要叶绿素，几乎不吸收光，所以呈现接近白色的颜色。

属于腐生植物的球果假水晶兰（*Monotropastrum humile*）会使菌类寄生在自己的根部，剥夺菌类分解有机物得到的营养。与帽蕊草一样，球果假水晶兰失去了叶绿素而全身都变成白色，叶子也几乎退化了。这种植物的别名是幽灵草。它不需要阳光，因此多数情况下生活在阴暗潮湿的、菌类喜欢的腐殖土多的地方。

失去色素的这些植物，看起来不像植物，会给人一种阴森的感觉。

图9–2　**球果假水晶兰**

10. 引人入胜的花朵的颜色

提到植物我们就会想到花，但实际上开出大花瓣花朵的植物，在植物中只占很小一部分。颜色醒目的花朵是为了向搬运花粉的昆虫展示自己。这些昆虫通常被称为“花粉媒介动物”（传粉媒介，pollinator）。为了从远处也能看得醒目，这些植物开出大的鲜艳的花朵，让花具有香味，或甘甜的蜜汁。并且在花瓣中，通过颜色来显示花蜜在哪里，利用这个标记昆虫们能容易地找到花蜜。

图10–1　樱　花

图10–2　梅　花

花有各种各样的颜色，这是因为在花瓣和花萼中，含有花青素、叶黄素、萜类化合物等色素，根据含有的这些色素的比例反射光线，从而使颜色发生变化。在明亮的天空下开花的植物，花朵是鲜艳的，在夜晚或昏暗的森林中开花的植物，花朵多是能反射更多光的、发白的醒目的。特别是重要的花粉媒体动物蜜蜂，能看到人眼看不到的紫外线，因此花朵呈现在紫外线下醒目的色彩。

分泌甘甜的蜜汁，开出大瓣的花朵，对植物来说是需要消

图10–3　**吸花蜜的虫子。对虫子来说，有因其身体形状容易吸到花蜜的花和不容易吸到花蜜的花**

耗大量能量的大工程。植物为什么要耗费这么多的能量来让昆虫们高兴呢？这当然是为了繁衍更多子孙而采取的策略。

除了花蜜、香气和大瓣花朵之外，也有为了使传粉的昆虫容易吸出蜜汁，用很长的岁月来改变自己的样子的植物，或为了避免自我交配，使开花时间逐渐错开的植物。植物们通过各自的努力，利用花朵来呈现着生命的光辉。

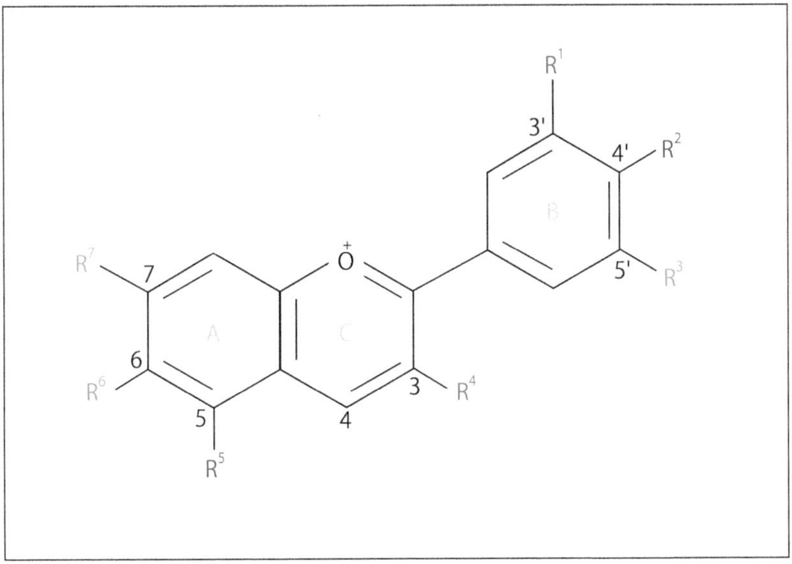

图10–4　花青素（在酸性条件下发出红光，在碱性条件下发出蓝光）的分子结构。R表示羟基

图10-5　白根葵
图10-6　九轮草
图10-7　白百合
图10-8　节黑仙翁
图10-9　猪牙花
图10-10　紫花堇菜
图10-11　杜鹃花
图10-12　山杜鹃

（照片提供：Chihaya Nature and Astronomy Museum）

图10-13　日本厚朴

图10-14　荷青花

图10-15　紫阳花

图10-16　山紫阳花

图10-17　延龄草

图10-18　白花延龄草

图10-19　金缕梅

图10-20　野茉莉

（照片提供：Chihaya Nature and Astronomy Museum）

11. 植物的光传感器和温度传感器

绒花树到了夜晚就会合上叶子进入睡眠状态，它是会睡觉的树木，因此也得到了“合欢树”这个名字。但是除绒花树之外，会在天黑时把花和叶子合上，在太阳升起时再度张开的植物还有很多。也就是说，植物中有能感知光线的传感器。

为什么要将花合上睡眠呢？这是为了保护重要的花粉。将花粉委托给昆虫的虫媒花，在昆虫们不活动的夜间是不需要开花的。雨天也是一样的，这是预防雨水冲掉花粉。当然，昆虫中也有蛾子等夜行性的昆虫。需要这样的昆虫授粉的植物在天黑后就会开花，在黑暗中飘洒着甜美的香气而吸引虫子们。

在白天将光能量蓄积在叶绿素中的叶子，在夜间会合成碳氢化合物。这个化学反应在温度高时进展迅速，而太阳落山后气温降低，如果将叶子水平展开，会造成叶子因辐射冷却而温

图11–1　白天的绒花树（左）和日落后的绒花树（右）

度下降。所以植物会通过温度传感器掌握气温的变化，利用叶子闭上或下垂来防止温度的下降。

但是，即使在白天，如果光线过强，为了使叶子避开阳光也需要使叶子倾斜。过强的光会促进呼吸作用而使光合作用效率降低。此外，叶温的急剧上升会引起蒸腾作用加强，造成水分不足。此时，传感器就会发挥作用，将光量和气温维持在合适的水平上，一边午睡一边等待正午的过去。正如日本人经常说的，人和植物都是“睡觉的孩子长得快”。

图11-2　白天的林荫银莲花（左）和夜晚的林荫银莲花（右）

图11-3　白天的酢浆草的叶子（左）和夜晚的酢浆草的叶子（右）

12. 蔬菜的颜色

蔬菜当然也是植物，决定其颜色的色素，大体上可分类为类胡萝卜素类、黄酮类、花色素类以及叶绿素类四种。与色素的分类有少许不同，如果用颜色来分类，则可分为红色系、黄色系、紫色系以及绿色系。

红色系的蔬菜有西红柿和胡萝卜，产生这些颜色的原因是它们含有被称为番茄红素的色素。红辣椒和红彩椒等含有的色素，是被称为辣椒红素的色素，这是类胡萝卜素的一种。在辣椒中有辣味成分的是辣椒素，辣椒素与辣椒红素名字相似，却是不同的物质。不过类胡萝卜素的代表是胡萝卜素，α－胡萝卜素和β－胡萝卜素是黄色的色素。在胡萝卜或南瓜中含有较多的胡萝卜素。番茄红素和胡萝卜素具有相似的分子结构，都是脂溶性的。在吃完肉酱意大利面后，盘子中残留的、溶在油中的色素，想必很多人看到过。从黄色到褐色的色素中，有洋葱或橙子、柠檬的皮中含有的黄酮类色素。

图12-1　各种颜色的蔬菜

茄子和紫甘蓝（紫包菜）等的紫色，是由于花青素系的色素造成的，花青素根据环境会变化为蓝、红、黄、紫等各种颜色。绿色的色素，是光合作用色素的叶绿素。绿色的蔬菜在收割后一段时间内，叶绿素还会继续进行光合作用，因此检测蔬菜吸收了多少红光，就可以知道其新鲜程度。最近已有能够测量蔬菜吸收了多少红光的仪器上市。

在学校的生活课程中，老师经常讲我们需要多吃对身体好的黄绿色蔬菜。这不是按照看起来的颜色进行的分类。黄绿色蔬菜是如胡萝卜和菠菜，在每100g的蔬菜中含有600 μg 以上的胡萝卜素的蔬菜。蔬菜的色素有抵消通过呼吸进入体内的活性氧的作用，因此吃各种颜色的蔬菜是非常重要的。

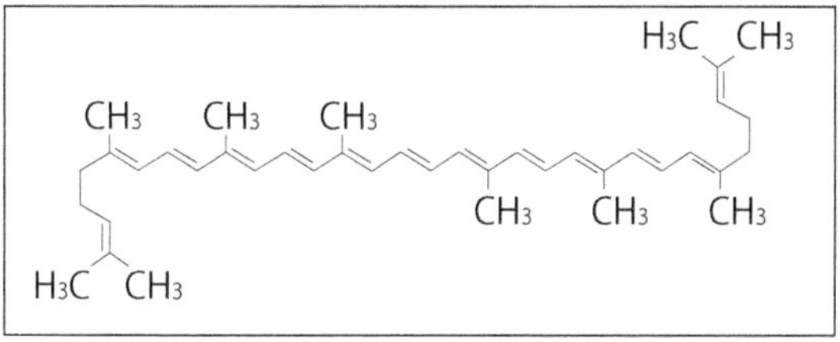

图12-2　番茄红素的分子结构

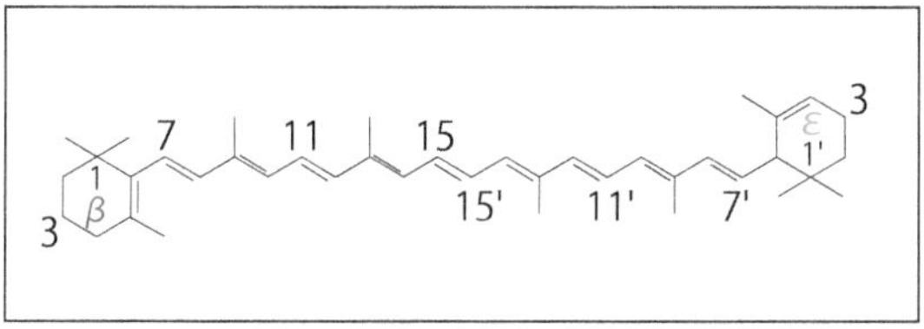

图12-3　α－胡萝卜素的分子结构

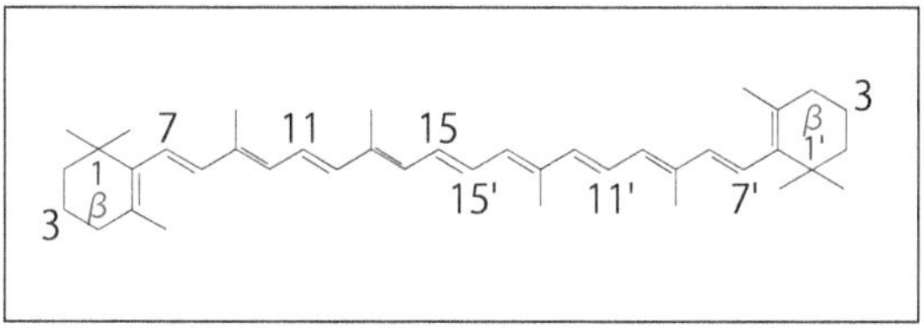

图12-3　β－胡萝卜素的分子结构

13. 果实的颜色

水果之外的很多果实，人类一般是不食用的。不过这些果实一旦红透了，看起来也是十分诱人的。植物结出这样的豆粒大小的果实，是在向野鸟和小动物们展示自己。它们将果实吃下后，种子会随着粪便掉到某处。这样一来，对于自己无法移动的植物来说，其种子就能移动很远的距离。

采取这种策略的植物的果实颜色，有红色、黑色、蓝色、橙色、绿色、紫色、白色等，其中，红色和黑色最多。

图13-1　荚蒾的果实

图13-2　海州常山的果实（照片提供：Chihaya Nature and Astronomy Museum）

绿色植物中，作为绿色互补色的红色，对于具有与人类相似色觉的鸟来说也是很显眼的颜色。而黑色果实对于上空飞行的鸟来说不是很显眼。因此，在结出黑色果实的植物中，也有使用双色衬托效果这样的技巧的植物。

首先，植物结出与叶子颜色相同的绿色果实，随着果实变熟会逐渐变成黄色，然后变成红色，接下来变成黑色。还不能吃的未成熟的果实，隐藏在与其颜色相同的叶子中。有时为了保险，果实中还会含有少许苦涩或有毒成分。果实中的种子成熟可以吃后，果实就会变成鲜艳的红色，告诉鸟儿这里有好吃的果实。即使熟透的果实变成黑色，周围刚刚成熟的红色果实也会吸引野鸟的眼睛。这是多么棒的策略啊！

图13-3　美洲商陆（垂序商陆）的花（左）和果实（右）。未成熟的果实是绿色的，成熟的果实是红色的，颜色逐渐变化（照片提供：Chihaya Nature and Astronomy Museum）

也有果实成熟后就马上变成黑色的植物。这是因为果实变黑后，果实柄等其他部分变成红色，利用颜色衬托向鸟儿展示自己。

几乎所有的果实，都会让野鸟觉得很好吃。其中也有几乎没有糖分和脂肪，对鸟儿来说没什么营养，可看起来很好吃的红色果实。这是因为制造这种果实需要的能量少，但如果被鸟儿们讨厌，种子就不能传播了，这就得不偿失了。所以就需要用鲜艳的颜色来“欺骗”鸟儿们，当然同时还是需要有一定的营养的。

围绕果实，植物和动物们其实都在暗自较量。

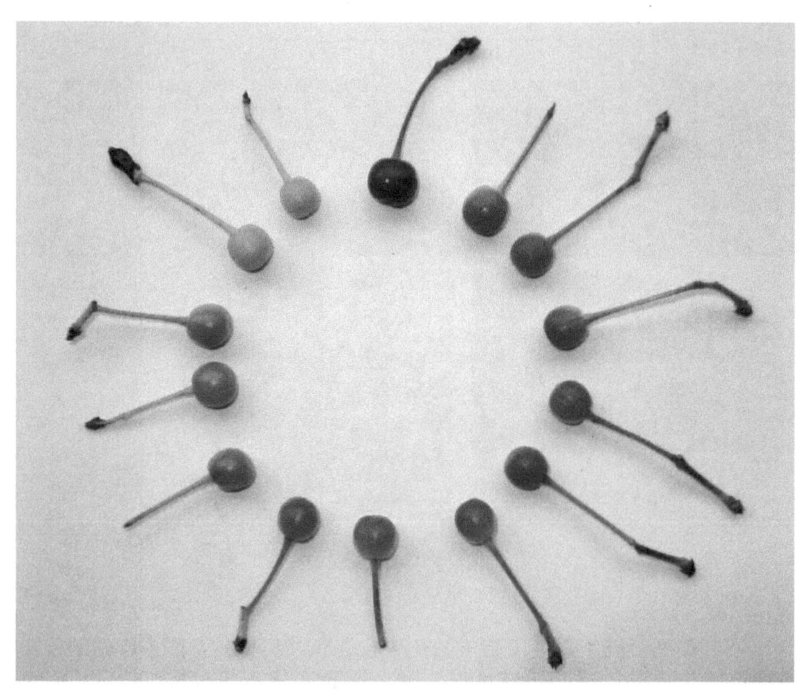

图13-4 **颜色随成熟程度不同而不同的山樱果实**

14. 植物和染料

用于对布料进行染色的色素被称为“染料”（dyestuff）。人们使用染料进行染色，在6000多年前就开始了。现在很多时候是用人工制造的合成染料来染色。使用人工染料的历史可追溯到150多年前，之前使用的是从动植物得来的天然染料。

为了进行染色，需要将动植物所含的色素溶解在水中来制作染液。但是，将布或线泡在染液中染完色后，如用水洗则染料会被洗掉。为了使溶于水的水溶性天然染料固定在布面上，需要进行媒染。在将布浸泡在染液中之前或之后泡在媒染液中，则染料与媒染液所含有的媒染剂发生化学反应，染料就变

图14-1 染 料

得不溶于水了，从而将色素固定在布料上。但是，由植物纤维的纤维素构成的棉、麻与由蛋白质纤维构成的绢、羊毛性质不同，因此染料的固定程度会有差异。

从经验上来讲，媒染液可使用田中的泥或草木灰制成的灰汁等，其中含有的钙、铁、铜、铝以及铬等金属离子作为媒染剂在起作用。即使使用相同的染液，也可能因媒染剂的不同而显出不同的颜色。这是草木染色有意思的地方。

自古以来使用的具有代表性的染料是“靛蓝”，它是从被称为蓝的植物叶子中采集的色素，作为牛仔裤的颜色是广为人知的。除了世界上有名的印度蓝之外，在日本还有蓼蓝和冲绳的琉球蓝。只需将蓝的叶子捣碎制成汁就可用来染色，但这样

图14-2 **蓼 蓝**

图14-3 **琉球蓝（照片提供：青木繁伸）**

只能染上淡淡的天蓝色。要染成浓郁的颜色，也就是靛蓝色，需要将收获的叶子和灰汁混合几个月进行发酵，然后再做成染液。通过这些稍复杂的工序，才能得到“青出于蓝而胜于蓝”的效果。

自古以来作为染料使用的其他植物，有呈现出类似晚霞颜色的茜草的根部，呈现出鲜艳黄色的稻科植物青茅，呈现出高贵紫色的紫草根部等。无论哪个，如果只看叶子和花，都难以想象出里面含有的色素。

但是，尽管进行光合作用的植物叶子都含有叶绿素的绿色，却染不上这个颜色。绿色的色素，也就是叶绿素会马上被分解。没有可单独用于染绿色的植物，需要在染黄色之后再染蓝色，进行重复染色才能得到绿色。

图14-4　**紫草（照片提供：NPO法人仙觉万叶之会）**

15. 海藻的颜色

海藻与陆地上的植物一样能进行光合作用，其叶绿体中含有蓝绿色的色素——叶绿素a。叶绿素a可将光的能量直接转换为化学能量，因此光合作用植物中必然有色素存在。但是，海藻的颜色不一定是绿色的，也有红色、茶色、褐色、浑浊的暗绿色，以及几乎是黑色的海藻。在海藻的叶绿体中，除了叶绿素a之外，还有叶绿素b（黄绿色）、叶绿素c（绿黄色）、岩藻黄质（橙黄色）、胡萝卜素（橙黄色）、叶黄素（黄色）、藻红素（红色）、管藻黄素（红色）、藻青素（蓝色）、别藻蓝素（蓝色）等色素，这是海藻呈现出各种颜色的原因。

那么海藻中为什么会含有各种色素呢？

蓝绿色的叶绿素a只能吸收红色和蓝色的光。但是照射在海中的太阳光，会被水分子吸收或被浮游的微粒子散射。随着水

图15–1　**绿藻、褐藻、红藻**

变深，红色的光会逐渐照不到。因此，在海中生活的海藻，会在质和量上都尽量吸收与地面上不同的光，并将其能量传递给叶绿素a。能起到这个作用的是其他的色素，被称为辅助色素。海藻大体上可以分类为绿藻、褐藻、红藻，它们各自含有的辅助色素不同，可以分别吸收具有微妙差异的波长的光。

具有能吸收绿光的红色色素——藻红素的红藻，能够生活在几乎只有绿光可到达的深海中。但是，除蓝绿色的叶绿素a之外，红藻也含有蓝色和黄色色素，根据其比例不同，即使是红藻也会呈现不同的颜色。

绿藻是主要呈现绿色的海藻，生活在浅海中。但是，有的绿藻中也含有被称为管藻黄素的红色色素，这样的绿藻，无法说它是绿色，而是呈现混浊的深颜色，可生活在与红藻相同深度的深海中。日本自古以来就有“海松色”这个颜色，这个暗

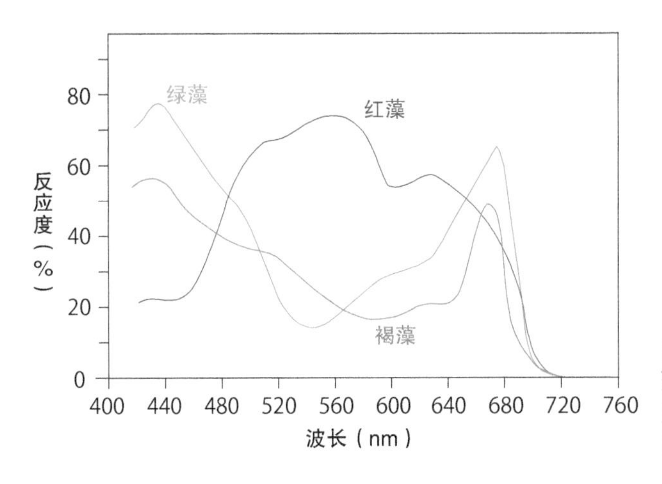

图15-2　在藻类光合作用中被利用的光谱

淡混浊的绿色，是在较深的海中生存的Codium目海藻的颜色。

褐藻中含有叶绿素a、叶绿素b，以及黄色系的胡萝卜素和岩藻黄质。虽然是这样，为什么不是黄绿色而是褐色呢？褐藻不具有红色色素，但橙黄色的岩藻黄质，在叶绿体中与蛋白质结合而能够吸收红色的光。因此显示出绿色、黄色、红色混合而成的褐色。因能吸收红光的岩藻黄质的存在，褐藻在浅海中也能够生存。

餐桌上的裙带菜也是褐藻的一种，可为什么大家都觉得裙带菜是绿色的呢？为什么褐色的裙带菜会变成绿色呢？那是因为浸泡在热水中的缘故。向裙带菜中浇热水，岩藻黄质和蛋白质的结合就被切断，无法吸收红色的光。因此，只剩下绿色和黄色的色素会作为裙带菜的颜色显现出来。

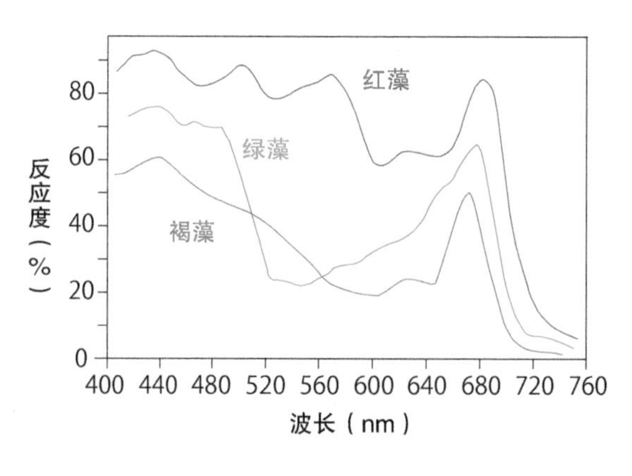

图15-3 藻类色素吸收的光的光谱

16. 动物眼中的世界

即使是看相同的东西，也不一定会是相同的颜色和形状。这对于人和动物来说都一样的。用于识别颜色的眼细胞被称为锥体，在人体中，三种锥体分别含有吸收红色、绿色、蓝色的光的“视蛋白”（opsin）。这三种视蛋白分别吸收的光的多少，决定了我们能认识到的颜色种类多少。

但是，有些人的身体中，视蛋白有四种或只有两种，或三种中有两种会对相似波长的光发生反应。能够认识到的颜色，有的人会多一些而有的人会少一些。

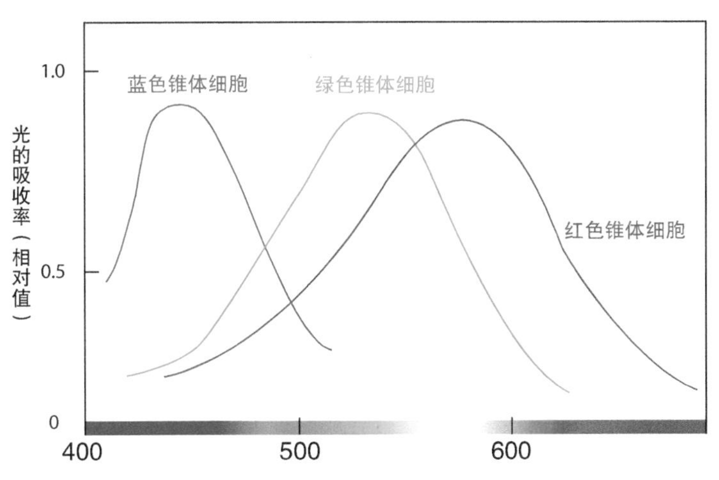

图16-1 **人的视觉细胞的感光曲线**

与人最接近的猴子也具有三种锥体和视蛋白，通过实验我们推测，猴子能看到与人类基本相同的颜色。但是，狗和猫等许多哺乳类，也许是受其夜间活动习性的影响，只具有两种锥体，无法像人类一样认识到复杂的颜色。研究动物的色觉是件困难的事，因为它们不会说话。但已知的动物中，鸽子能看到红色、绿色、蓝色，鲤鱼能看到红色、黄色、绿色，青蛙只能看到红色和蓝色。

图16-2　蜜　蜂

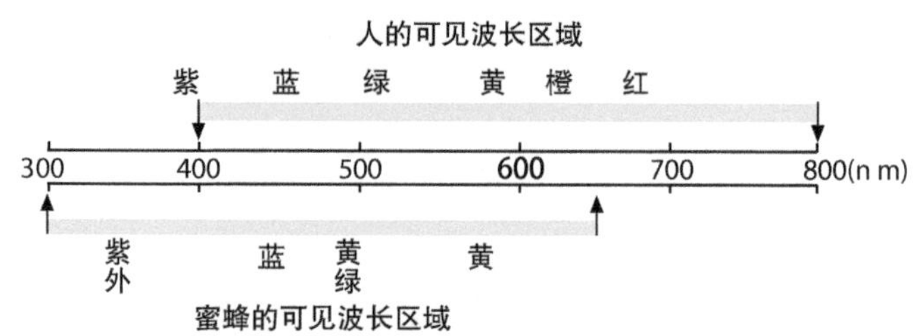

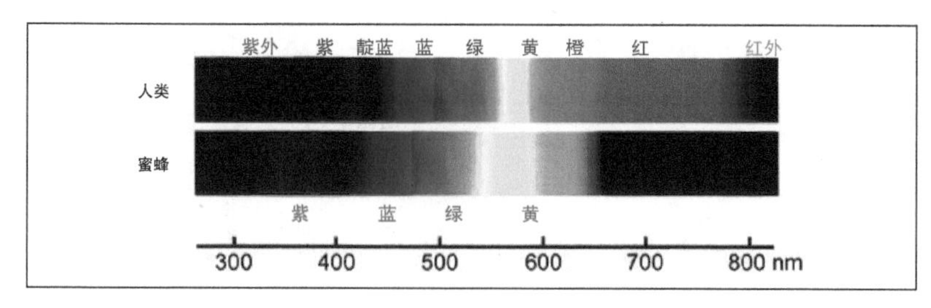

图16-3　蜜蜂的可见波长区域

人们对蜜蜂进行的研究较多，知道蜜蜂只能看到黄色光、蓝色光和紫外线三种光。我们看不到紫外线，不知道蜜蜂会将紫外线认识成什么颜色，但具有花蜜的花瓣会反射出紫外线，因此对于蜜蜂来说，这被认为是好吃的花蜜的颜色。

图16-4　通过能透过近紫外线波长的紫色滤光片看到的花朵。明亮的花瓣中可看到深颜色的部分，容易知道花蜜在哪里

17. 光与生物的节奏

包括人类在内的动物均重复着睡眠和活动的循环。人类这样的昼行性动物，在早上天亮后就会开始活动，到了晚上天黑后就会睡眠。夜行性动物则正好相反。但是，如太阳不落山，明亮的状态一直持续，或者反过来没有太阳的黑暗状态持续，又会是怎样呢？

为了思考这个问题，有人进行了这样的试验，将夜行性的老鼠放在黑暗的房间中养育。老鼠在24小时内会重复睡眠和觉醒的过程。老鼠并没有看着时钟生活，而是基于自身的时间感觉在生活。像这样，生物自身具有的以天为单位的时钟被称为

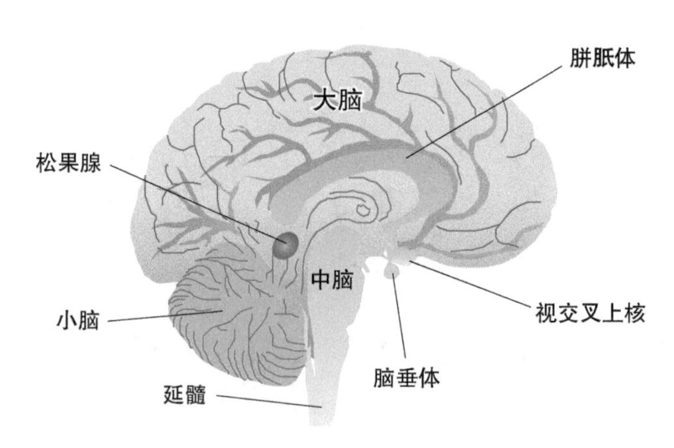

图17–1　**大脑结构。在视网膜检测到光后，就会直接将信号传递给视交叉上核，并进一步传递到松果腺**

“生物钟”。包括植物在内的几乎所有生物都有这个时钟。这个“时钟”貌似已被安插在遗传基因中。

生物具有约24小时的生物钟，这是因为地球的自转运动是以24小时为周期的。但实际上，任何生物的生物时钟都不是正好24小时，并且，在地球的漫长历史中，自转运动也不正好都是24小时。因此生物钟“基本”是24小时，在某处会清零，由此保持与地球一致的节奏。因为是约24小时，所以将这个节奏称为“昼夜节律”（Circadian rhythm）。

与生物钟的清零相关的，有一些是外来的刺激，但最大的刺激是光线。动物主要是通过眼睛来感受光的刺激，最近知道眼睛之外的体细胞也在感光。很多的脊椎动物在接受光线的刺

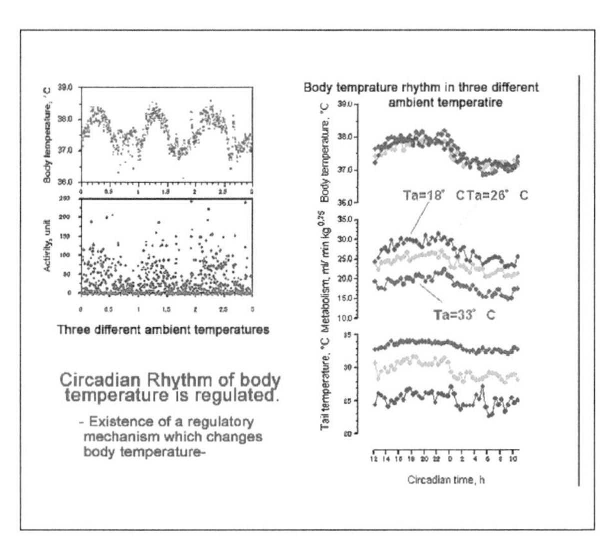

图17-2　**昼夜节律（出自：http://www.waseda.jp/rps/en/webzine/no%2025/img/zu03.jpg）**

激后，脑部中心的松果腺和下丘脑都会产生反应，合成和分泌褪黑激素，该激素与睡眠、觉醒、体温调节等反应密切相关。植物体细胞中的蛋白质受到光线照射时会向主管节奏的器官传递信号，来调整生物钟。

生物为了在地球生存下去，不会忽视照射到地球上的太阳光的变化，所有生物一直在感受着地球的节奏。

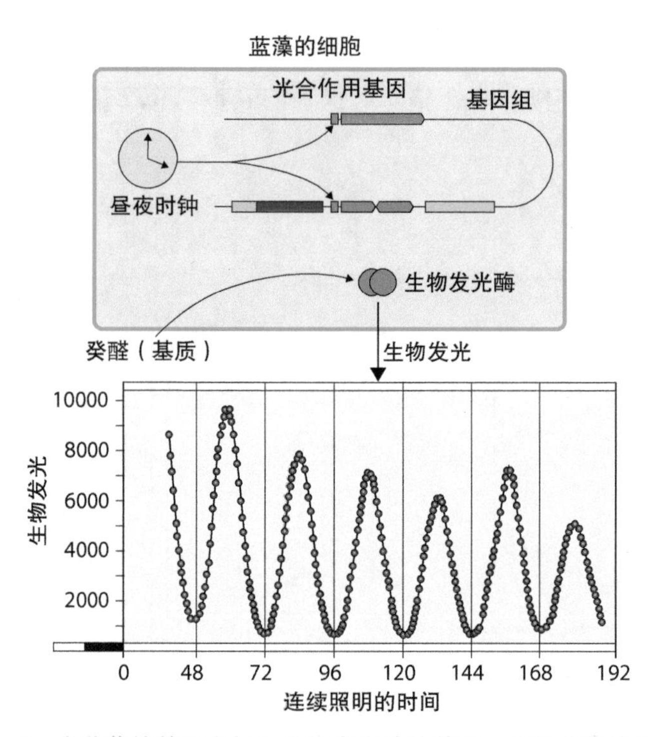

图17–3　在蓝藻的基因中加入生物发光酶的基因，能将蓝藻的生物钟基因所具有的昼夜节律通过生物发光显示出来（出自：http://www.sci.nagoya-u.ac.jp/kouhou/05/p10_11.html）

18. 吉丁虫的结构色

日语中有“像吉丁虫（buprestid）那样的颜色”的说法，那么吉丁虫到底是什么样的颜色呢？

乍一看吉丁虫，其翅膀呈明亮的绿色且具有茶色的条纹，但换个角度看却闪着蓝光，那到底是什么颜色呢？人们不是很清楚。具有这样不可思议的闪光颜色的生物很多，例如在昆虫中就有金龟子、斑蝥、大闪蝶，鸟类中有孔雀和野鸭，鱼类中有红莲灯鱼等。实际上这些颜色看起来特殊是很正常的，因为其发光的原理本身就是很特殊的。

图18-1　吉丁虫

图18-2　斑　蝥

图18-3　红莲灯鱼

一般来说，物体的颜色（物体色）是因其表面的色素吸收可见光的一部分，将剩下的光反射或者透射而显现出颜色的。但是吉丁虫翅膀的颜色，却不是因为单纯的光的选择性吸收而呈现的，而是因翅膀表面的结构而呈现的。这种颜色被称为“结构色”（structural color）。

在物体表面有比可见光波长小（也就是数百纳米左右）的规则结构时，由于其微小结构，照射到表面上的光线会发生色散、散射、衍射、干涉等。其结果就是，观察的方向不同看到的颜色也不同。即使不是生物，例如在CD和肥皂泡中，也能看到具有相同原理的结构色。

吉丁虫的颜色是由两种结构造成的。一种是在翅膀表面排列的六边形的凹凸结构，被称为鞘翅；另一种是在薄于1μm的表皮层中重叠了18层的多重薄膜结构。如剥掉一层表皮层，就看不到那样的颜色了。

图18-4 孔 雀

19. 拟态和保护色

大家是否见过出生不久的凤蝶幼虫呢？说起蝴蝶的幼虫，也许就会想起绿虫或毛毛虫，但是凤蝶初期的幼虫，却是我们不想碰的，它简直就像是沾在叶子上的鸟粪。实际上这是凤蝶的策略，是为了保护自己不受野鸟侵袭，所以才呈现这样的颜色，因为野鸟为了育儿一直在寻找能作食物的绿虫。当然只有在幼虫时才因荷尔蒙的影响成为这样的颜色，幼虫长大则会呈现与草叶一样的绿色。蝴蝶的幼虫是通过这样的“保护色”（protective coloration）来保护自己的身体的。

图19-1 **凤蝶的幼虫**

会利用保护色的不只是昆虫。例如，不冬眠的雪兔的毛色会从夏天的浅茶色变成冬天的白色。海豹在冰上无法隐藏，但其幼仔是雪白的，这样可以隐藏于雪中，以保护自身不受捕食动物的袭击。

也有不隐藏，反而显现出危险的颜色来使捕食者躲避的生物。例如牛虻和大蚊盲蛛等，都类似于有毒针的蜜蜂，具有黑色和黄色的条纹。

此外，不只是颜色，也有对形态也进行“拟态”（camouflage）的生物。拟态为树枝的竹节虫，以及与植物的叶子形态相似的枯叶虫等都是很好的例子。

很多动物为了生存绞尽脑汁，在进化过程中获得各种各样的本领。

图19-2　**大枯叶虫**

图19-3　**竹节虫**

20. 萤火虫之光

在初夏的夜晚，“萤火虫”（firefly）会像星星一样闪烁。说起萤火虫，日本人会想到的是源氏萤和平家萤。最有名的源氏萤是日本的固有品种，成虫一边飞一边闪光，装点着初夏的夜晚。并且，源氏萤不只是成虫会发光，虫卵、幼虫、虫茧也会发光。

我们的身体也会发出与36℃的体温相对应的电磁波（红外线），在红外线下观察我们也是发光的。但萤火虫会发出比体温高很多的可见光。为什么会这样呢？

萤火虫的发光器在腹部前面的第一节和第二节中，在其内部，“虫荧光素”（luciferin）与“虫荧光素酶”（luciferase）发生化学反应而发光。

图20-1　飞来飞去的萤火虫（照片提供：乘本祐慈）

如果拍摄萤火虫发出的黄中带绿的光的光谱，则会发现光是连续光。并且萤火虫在发光器的背面一侧也有反射层，发出的光都是从腹部一侧发出的。

人类现在都是靠电灯这个人工的发光装置进行夜间活动的，为了得到这个光需要很大的能量，能量的一部分不是作为光线，而是作为热量放出。但是，萤火虫的发光却几乎不会产生热量，并且能从很小的发光器中，非常高效地放出光线。人类将萤火虫的发光机制作为尖端科学的研究对象进行研究，希望能应用这个技术。

那么，究竟萤火虫为什么要发光呢？这好像是为了相互之间进行联系。

太阳落山之后雌性源氏萤就会停在河边的草上，雄性源氏萤会周期性地闪着光飞来飞去。当雄性靠近时，雌性萤火虫就

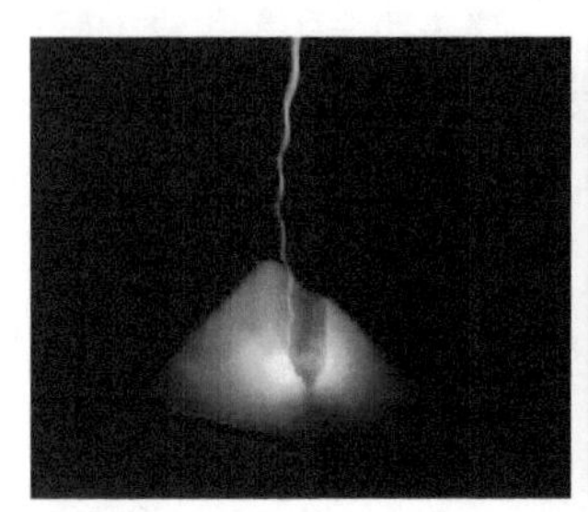

图20-2 **萤火虫**

图20-3 **萤火虫的光谱（照片提供：乘本祐慈）**

会缓慢地放出明亮的光线，雄性萤火虫就以此为线索，在黑暗中找到交尾的对象。萤火虫成为成虫后，就会只喝水而不再进食，一刻也不浪费生命，每晚一边发光一边不停地跳舞。

交尾后不久，雌性就会在水边的苔藓中产卵，其间也会缓慢地发出微弱的光。以这个光为记号，很多雌性会聚集到相同的地方，来进行集体产卵。

即使是同样的源氏萤，在日本关东地区的每隔4秒发一次光，在关西地区的每隔2秒发一次光，在中部的每隔3秒发一次光。这是起因于萤火虫的呼吸节奏，而呼吸节奏根据地域有差异，因此非常有趣。平家萤与源氏萤相比光线弱，周期短，每2秒钟能闪光3次。与源氏萤比，平家萤可能会给人有些忙碌的感觉。

此外，在日本除了源氏萤和平家萤之外，还有40多种萤火虫。但是并不是所有的萤火虫都是发光的，成虫中发光的也只是14种。也有只是雌性成虫发光的。只在幼虫时期发光，成虫却是昼行性的、不发光的例子也很多。

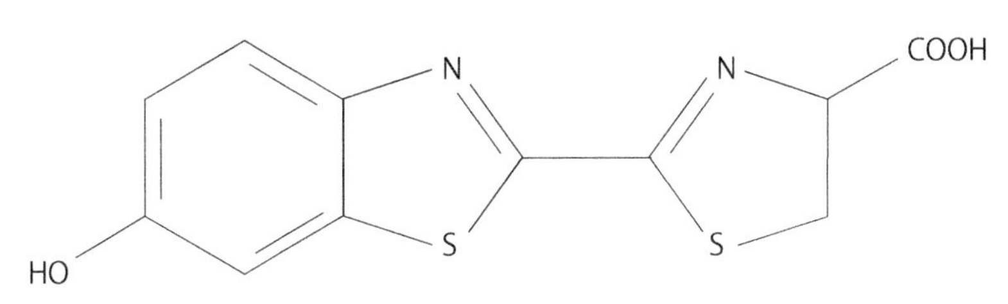

图20-4　**虫荧光素的结构式**

21. 发光的生物

发光的生物并不只是萤火虫，苔藓和海洋生物中也有很多发光的生物。

例如，海萤有两片椭圆形的半透明壳，其中裹着像虾一样卷曲的身体。海萤被敌人袭击时，会从上唇的一部分向海水中放出发光物质并逃走。通过发光强度和发光状态的变化而显现像烟一样的光，这会保护海萤免于外敌袭击。但是，海萤看起

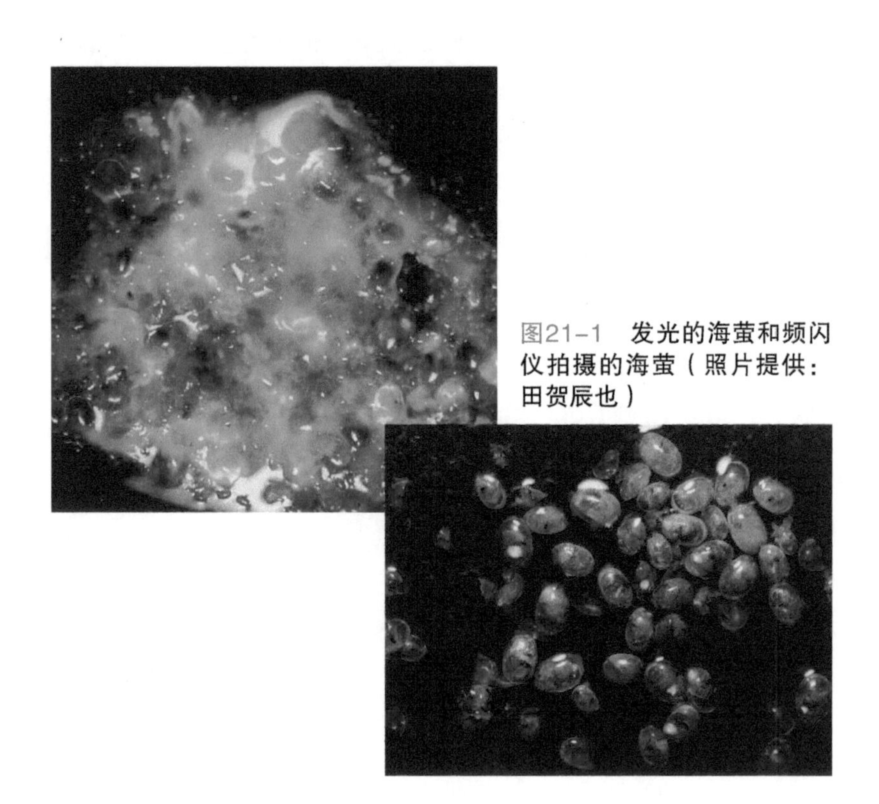

图21-1　发光的海萤和频闪仪拍摄的海萤（照片提供：田贺辰也）

来不过是身长约3mm的小生物，好像是非常弱小的，实际上它们却是会聚集在死鱼上的非常凶猛的肉食性生物。

此外，普通的鱿鱼中也有会发光的。这时候并不是鱿鱼本身在发光，而是附着在鱿鱼体表的细菌在发光。将买来的鱿鱼在10℃下放置4天后，表面附着的细菌增加，鱿鱼的表面就会发光。但是，此时鱿鱼鲜度会变差，鱿鱼本身的颜色也变得像煮过一样，请注意不要食用。

在海中生存的发光细菌，除了寄生在鱿鱼中，也会寄生在其他的鱼和虾中。

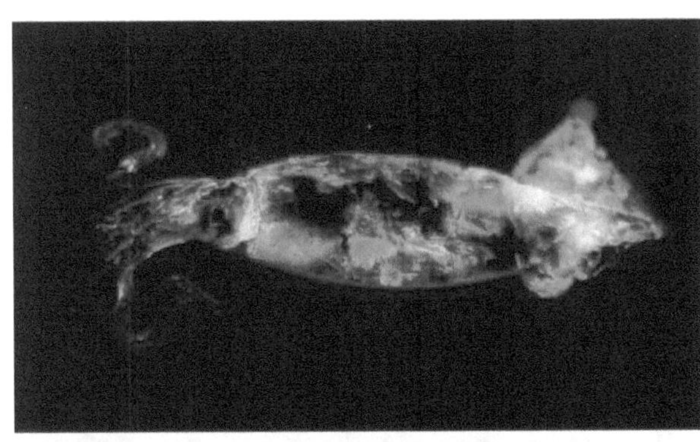

图21-2　体表发光的鱿鱼和频闪仪拍摄的鱿鱼（照片提供：田贺辰也）

22. 深海生物

太阳光即使照射到海中，也会被水吸收掉各波长的光，能达到水深200m处的只有蓝光，其强度不足在海面时的1%。浮游植物在这个深度也能进行光合作用，因此将水下200m以上称为有光层。有光层中既有浮游植物存在，也有浮游动物以及其他鱼虾类存在，在海中是非常热闹的地带。

到了水深200m以下的深海，红色生物变多。只有少许蓝光会到达这里，吸收蓝光的红色生物，从上面看会融入到深海的黑暗中。反过来从下面看，则会在蓝色的光中看到它们的影

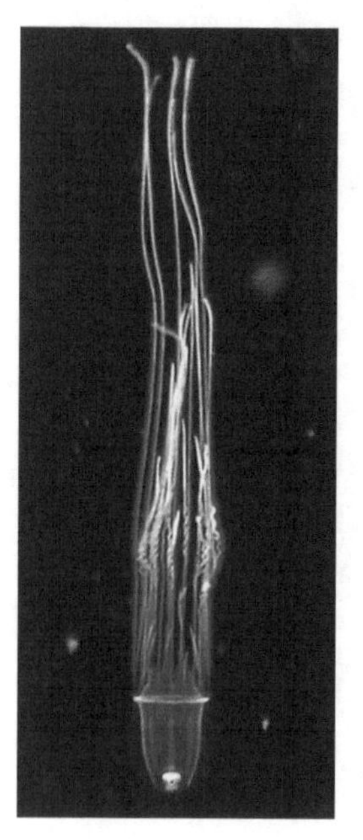

图22-1　短手水母

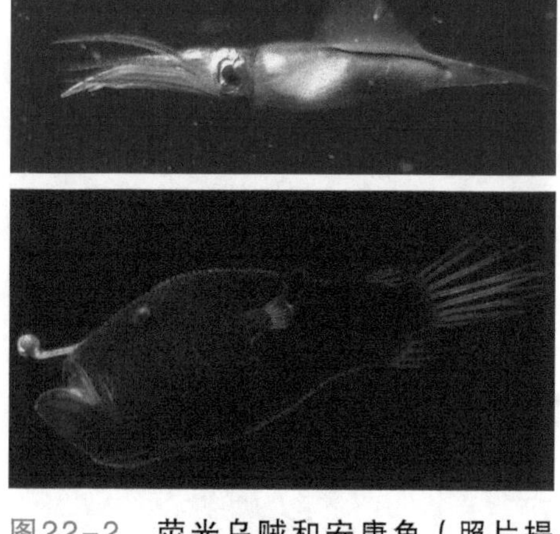

图22-2　荧光乌贼和安康鱼（照片提供：JAMSTEC）

子，所以也无法说是有利于保护自己的。因此，荧光乌贼会使发光器闪光，企图使自己的影子消失。反过来，在身体透明的没有影子的水母中，有将发光的身体的一部分切断而企图骗过敌人的短手水母等。安康鱼则与其相反，它在黑暗的深海中使用被称为“escae”的发光器来吸引猎物。

到了水深1000m处，则只有海面的一百兆分之一左右的光会到达这里，比这更深的海几乎是完全黑暗的世界。在这里需要用眼睛来看东西的生物会进化成巨大的眼睛，具有人类20~30倍的视力。反过来不需要视力的生物的眼睛，会发生退化而基本消失。在水深1000m处，颜色就失去了意义，大多数生物的颜色是白色、黑色或是灰色等非彩色的。

图22-3　大眼睛的笠子鱼
（照片提供：JAMSTEC）

图22-4　白色的单棘躄鱼
（照片提供：JAMSTEC）

23. 血液的颜色和血红蛋白

如果脸色略带红色，人们就会说“你的气色很好”，看起来很健康。那么究竟什么是气色呢？

人类的血液是红色的，这是众所周知的。这是由血液中红血球（red blood cell）中含有的“血红蛋白”（hemoglobin）的颜色决定的。血红蛋白是血红素与珠蛋白结合产生的，珠蛋白是无色透明的，决定颜色的是血红素。事实上血红素与植物的叶绿素的形状相似。而区别是，血红素分子的中心含有铁（Fe），而叶绿素的中心是镁（Mg）。两者都是色素，但中心部的金属离子不同，分子吸收的光线不同，所以颜色也会不同。

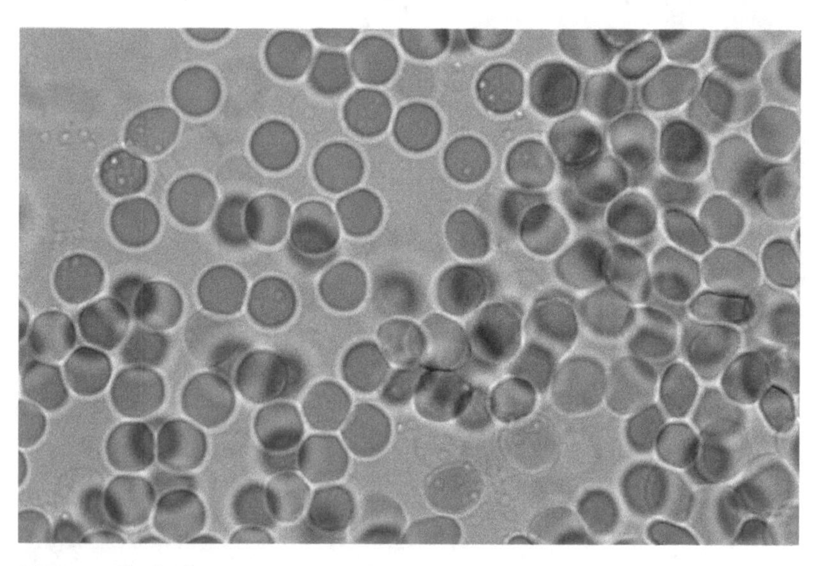

图23-1　**红血球**

血红蛋白中含有的铁在肺部与被吸入的氧结合，起到将氧搬运到全身的作用。在全身血液循环过程中，与铁结合的氧被传递给各组织，然后血红蛋白就会空载着回到肺部。没有与氧结合的血红蛋白会呈现略微歪曲的形状，这个微妙的歪曲使吸收的光的波长发生变化，从而血的颜色会产生不同。动脉看起来比静脉更发蓝，就是这个原因。

人类以外的脊椎动物，血液中含有的色素也是血红蛋白，因此血的颜色也是红色的。昆虫和虾、螃蟹等节足动物、章鱼等软体动物中很多不含血红蛋白，而是含有“血蓝蛋白”（hemocyanin）这种色素。血蓝蛋白也是搬运氧的色素，作为血红蛋白的Fe的替代物是铜（Cu），这个Cu与氧结合。因此Cu氧化时的蓝绿色，是具有血蓝蛋白的动物的血的颜色。

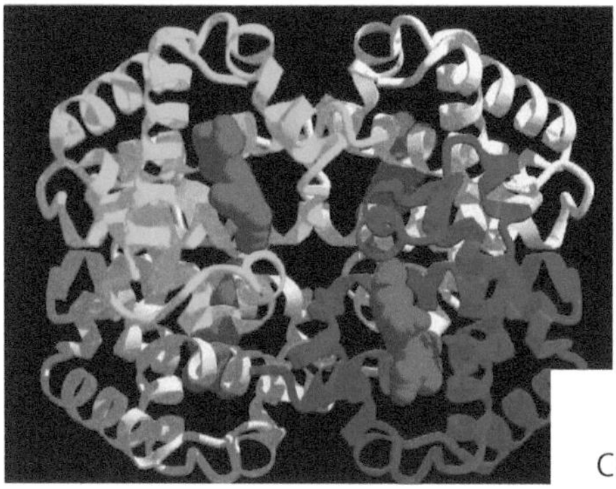

图23-2　血红蛋白的模式图（出自：http://www.bio.davidson.edu/Courses/Molbio/MolStudents/spring2005/Heiner/hemoglobin_ribbon_4subunits.jpg）

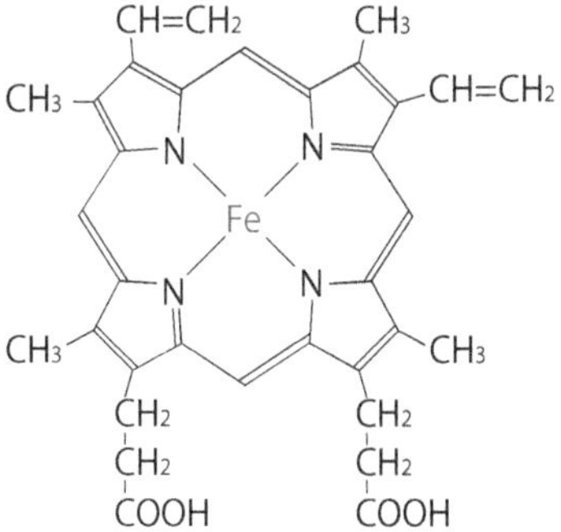

图23-3　血红素b的结构式

24. 金发碧眼，红发赤眼，还是黑发黑眼

正如同种生物也有几种不同的颜色存在，人类在外观上也有几种颜色差异。比如皮肤的颜色、眼睛的颜色和头发的颜色。这些颜色产生的原因，是在人体中形成的“黑色素”（melanin），它们以颗粒状存在于细胞中。黑色素中，有黑褐色的真黑素（eumelanin）和橙红色的褐黑素（pheomelanin）两种，他们都是在黑素细胞中产生的。黑色素有吸收紫外线的性

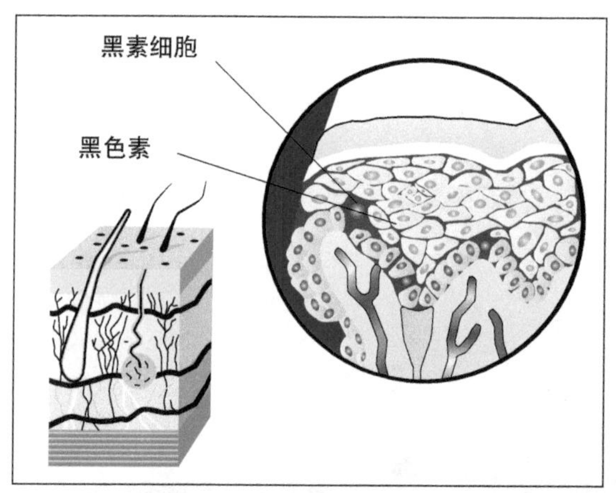

图24–1 **皮肤的黑素细胞和黑色素**

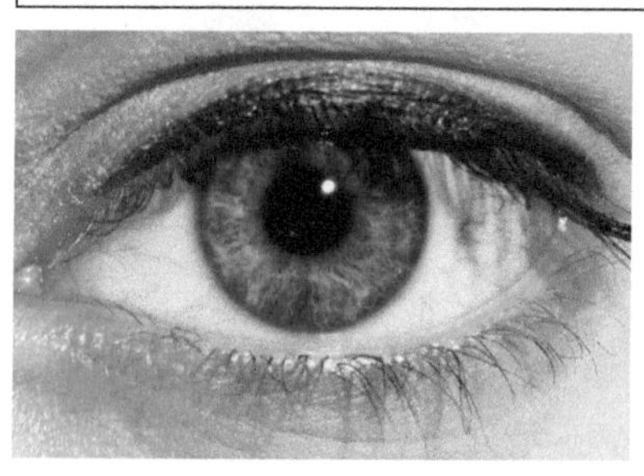

图24–2 **蓝眼睛**

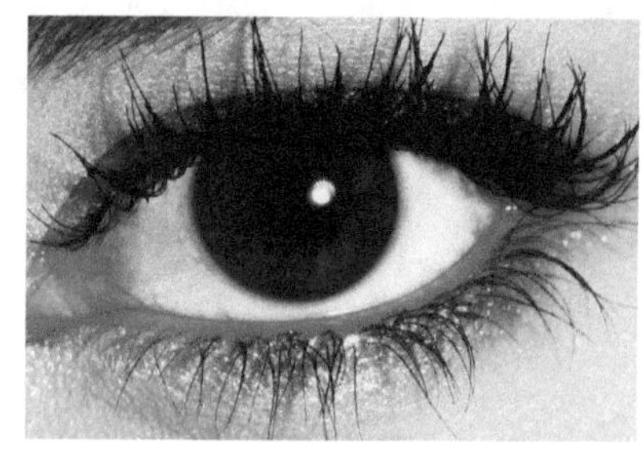

图24–3 **黑眼睛**

质，能起到保护生物体的作用，对于生物体是非常重要的物质。

眼睛的角膜本身是透明的，虹膜中含有的黑色素颗粒的多少和大小决定了眼睛的颜色。

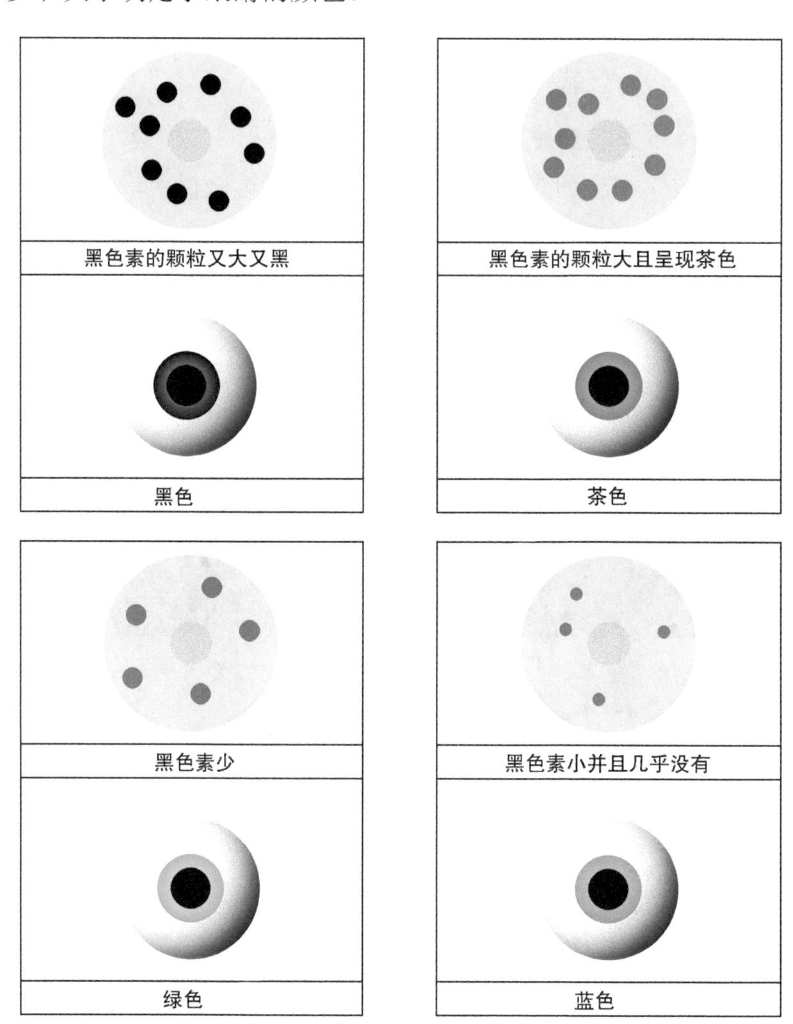

图24-4　黑色素的量和眼睛颜色的关系

含有大的黑色素粒子的眼睛看起来是黑色的。另一方面，具有小的黑色素粒子，并且只有很少的黑色素的眼睛中，入射光中波长短的蓝光被散射，因此看起来虹膜是蓝色的。在蓝色的眼睛（碧眼）中，不是因为有蓝色色素，而是和天空的蔚蓝具有相同的道理。具有蓝色瞳孔的人的黑色素粒子小，因此对紫外线的防御较弱，在强阳光下需要戴墨镜。

另一方面，在生成头发的发根附近有产生黑色素的黑素细胞，在这里产生的黑色素被提供给头发。这些黑色素中真黑素和褐黑素的比例不同，造成了头发颜色的不同。

图24-5 **黑 发**

图24-6 **红 发**

图24-7 **棕 发**

图24-8 **金 发**

真黑素多则会成为黑发，随着褐黑素比例的增加，会变成棕色、金色、红色的头发。但是，无论是哪种颜色的头发，随着年龄增长，黑素细胞的活动会逐渐减弱，无法供给黑色素，而头发也就变成白色。这是人类共有的现象。

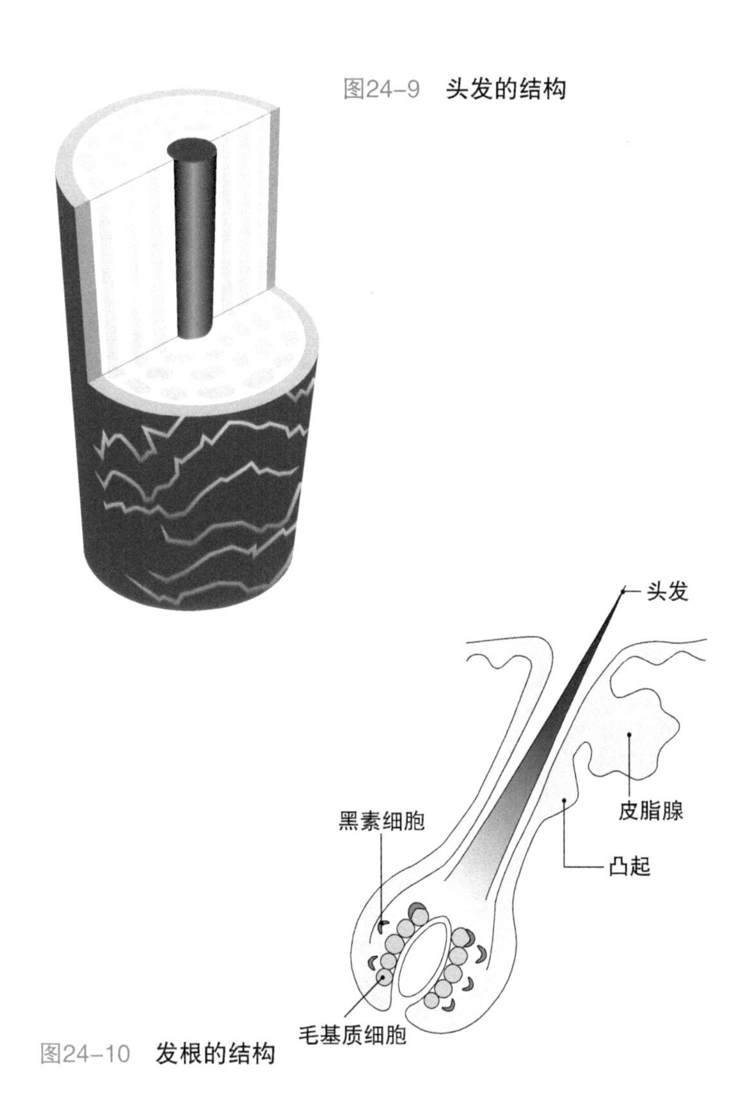

图24-9 头发的结构

图24-10 发根的结构

图24-11　金发碧眼

图24-12　红发赤眼

图24-13　黑发黑眼

25. 皮肤的颜色和生命的质感

人的皮肤的颜色也是由黑色素决定的。位于表皮细胞基底的黑素细胞每平方毫米有1000~2500个，没有人种差异。但是，黑素细胞产生的黑色素的量根据人种不同而存在差异，因此在肤色上产生差异。黑色素多则皮肤变黑，如不怎么产生黑色素，肤色就会成为白色。

黑素细胞的活动受到荷尔蒙、神经平衡和日光中紫外线量的影响。但是，受到刺激的黑素细胞能产生多少黑色素，是由遗传基因决定的。另外也存在地区和人种的差异，大体上看，有如下倾向：居住在紫外线强的赤道地区的人种有产生更多的黑色素的基因，居住在紫外线弱的北欧等高纬度地区的人种具有不怎么产生黑色素的基因。这是在非洲诞生的人类扩展到全世界的过程中，为了保护各自的生命而进化的结果。

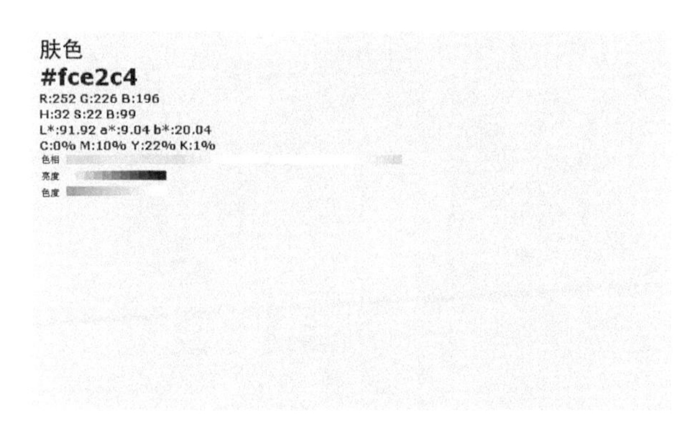

图25–1　肤色（出自：http://www.colordic.org）

但是，用图画和计算机绘图工具等表现人类的肤色是非常困难的事。其中一个理由是，皮肤色调是由非常微妙的平衡决定的。例如，日语中说的“肤色”，是略带红色的浅淡的黄色，即浅橙色，实际用混合水彩来画出肤色是非常困难的。

产生这种困难的最大原因是人类皮肤是半透明的，具有质感。表皮细胞是透明的，可在一定程度上看到皮肤下面的血管和肌肉组织，就像是略有桃红色的半透明的质感。所以在纸或塑料上涂上肤色，也觉得一点不像人类的皮肤。此外，表皮细胞不只是透明的，还含有很多水分，具有充分滋润的质感。

图25-2　**数码工具绘制的肤色**

实际上，与成人的肤色相比，婴儿的肤色更加滋润和柔和。人的肤色，正是在人体中存续的生命的颜色。

图25-3　成人的肤色

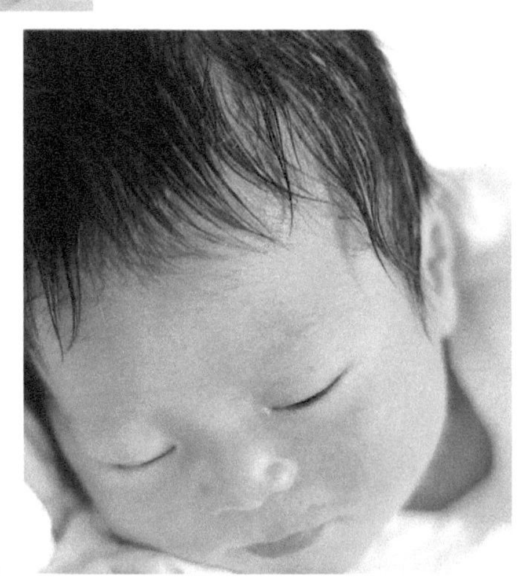

图25-4　婴儿的肤色

结束语

science·i

笔者曾在2007年通过“Si新书”出版了《对宇宙了解多少？》一书，是介绍最新的天文学的书。最近，笔者通过高性能观测仪器得到了很多漂亮的图像，同时我们听说“Si新书”今后也会以全彩方式出版，于是开始了本书的撰写。本书是以“光”和“颜色”为出发点，试图介绍自然界中存在的多种现象，在某种程度上是一种大胆的尝试。

开始撰写本书是2007年6月上旬的事。之后的一年很快就过去了。开始以为这本书在一年里会基本完成，但由于各位作者的日常工作繁忙而进展缓慢，出版延期了一段时间，希望能得到大家的谅解。

笔者的能力有限，加上书籍篇幅的限制，所以本书中介绍的自然界的有趣的“光与色”的现象，其实只是其中的一部分。书中也许会有少许错误和瑕疵。若大家能通过本书发现自然界中原来有这么多有趣的现象就是笔者的荣幸。

最后对本书的读者们致以深深的感谢。

福江纯、粟野谕美、田岛由起子

参考文献

『色の科学』 中原勝儼（培風館、1985年）

『光のはなしⅠ』 藤嶋 昭・相澤益男編著（技報堂出版、1986年）

『光のはなしⅡ』 藤嶋 昭・相澤益男編著（技報堂出版、1986年）

『色のはなしⅠ』 色のはなし編集委員会編（技報堂出版、1986年）

『色のはなしⅡ』 色のはなし編集委員会編（技報堂出版、1986年）

『色彩の科学』 金子隆芳（岩波書店、1988年）

『色彩の心理学』 金子隆芳（岩波書店、1990年）

『光と電波』 好村滋洋（培風館、1990年）

『色はどうして出るの』 西山吉助・綿谷千穂（裳華房、1991年）

『身の回りの光と色』 加藤俊二（裳華房、1993年）

『空の色と光の図鑑』 斎藤文一・武田康男（草思社、1995年）

『自然の中の光と色』 桜井邦朋（中央公論社、1991年）

『色材の小百科』 江崎正直編著（工業調査会、1998年）

『宇宙スペクトル博物館＜X線編＞見えない星空への招待』 粟野諭美・北本俊二・衣笠健三・田島由起子・福江 純（裳華房、1999年）

『宇宙スペクトル博物館＜電波編＞宇宙が奏でるハーモニー』 粟野諭美・尾林彩乃・田島由起子・半田利弘・福江 純（裳華房、2000年）

『宇宙スペクトル博物館＜可視光編＞天空からの虹色の便り』 粟野諭美・田島由起子・田鍋和仁・乗本祐慈・福江 純（裳華房、2001年）

『日本の伝統色』 福田邦夫（東京美術、2005年）

『光と色の宇宙』 福江 純（京都大学学術出版会、2007年）

各部分的参考文献

■光与色

『色の科学』 中原勝儼（培風館、1985年）

『色のはなしⅠ』 色のはなし編集委員会編（技報堂出版、1986年）

『色彩の科学』 金子隆芳（岩波書店、1988年）

『光と電波』 好村滋洋（培風館、1990年）

■星体的颜色

『光と電波』 好村滋洋（培風館、1990年）

『身の回りの光と色』 加藤俊二（裳華房、1993年）

■天空的颜色

『色の科学』 中原勝儼（培風館、1985年）

『空の色と光の図鑑』 斎藤文一・武田康男（草思社、1995年）

『自然の中の光と色』 桜井邦朋（中央公論社、1991年）

■水的颜色

『水の話』 伊勢村壽三（培風館、1984年）
『新版 氷の科学』 前野紀一（北海道大学図書刊行会、1981年）
『雪と氷の世界』 若濱五郎（東海大学出版会、1995年）
『海のはなしⅠ』 海のはなし編集グループ編（技報堂出版、1984年）
『おもしろい海・気になる海Q&A』 日本海水学会編（工業調査会、2004年）
『小宇宙としての湖』 西條八束（大月書店、1992年）

■大地的颜色

『色の科学』 中原勝儼（培風館、1985年）
『石のはなし』 白水晴雄（技報堂出版、1992年）
『宝石のはなし』 白水晴雄・青木義和（技報堂出版、1989年）
『世界の地理』 田辺裕（朝倉書店、1996年）

■生命的颜色和光辉

『色の科学』 中原勝儼（培風館、1985年）
『光のはなしⅡ』 藤嶋昭・相澤益男編著（技報堂出版、1986年）
『光と人間』 大石正編（朝倉書店、1999年）
『時間の分子生物学』 粂和彦（講談社、2003年）
『動物の生態と環境』 河内俊英・桜谷保之（共立出版、1996年）
『地球史がよくわかる本』 川上紳一・東條文治（秀和システム、2006年）
『ミクロ生物の不思議な力』 小沢正昭（研成社、1982年）
『粘菌』 松本淳・伊沢正名（誠文堂新光社、2007年）
『きのこブック』 伊沢正名（コロナブックス、1998年）
『コケの手帳』 秋山弘之編（研成社、2002年）
『したたかな植物たち』 多田多恵子（エス・シー・シー、2002年）
『葉っぱの不思議な力』 鷲谷いづみ・埴沙萌（山と渓谷社、2005年）
『花はなぜ咲くのか？』 鷲谷いづみ・埴沙萌（山と渓谷社、2007年）
『種子散布・助けあいの進化論＜1＞』 上田恵介編著（築地書館、1999年）
『擬態・だましあいの進化論＜1＞』 上田恵介編著（築地書館、1999年）
『虫のはなしⅠ』 梅谷献二編著（技報堂出版、1985年）
『昆虫のふしぎ 色と形のひみつ』 栗林慧・大谷剛（あかね書房、1985年）
『ゲンジボタル』 大場信義（文一総合出版、1998年）
『ホタル百科』 東京ゲンジボタル研究所（丸善株式会社、2004年）
『発光生物の話』 羽根田弥太（北隆社、1972年）
『深海生物学への招待』 長沼毅（NHKブックス、1996年）